青少年科普图书馆

世界科普巨匠经典译丛·第六辑

越玩越着迷的

亨利·杜德尼数学游戏（上）

[英] 亨利·杜德尼 编著　丁荣立 编译

上海科学普及出版社

图书在版编目（CIP）数据

越玩越着迷的亨利·杜德尼数学游戏．上 /（英）亨利·杜德尼编著；丁荣立编译．— 上海：上海科学普及出版社，2015.1（2024.3 重印）

（世界科普巨匠经典译丛·第六辑）

ISBN 978-7-5427-5964-1

Ⅰ．①越… Ⅱ．①亨… ②丁… Ⅲ．①智力游戏—普及读物 Ⅳ．① G898.2

中国版本图书馆 CIP 数据核字 (2013) 第 289610 号

责任编辑：李 蕾

世界科普巨匠经典译丛·第六辑

越玩越着迷的亨利·杜德尼数学游戏 上

（英）亨利·杜德尼 编著　丁荣立 编译

上海科学普及出版社出版发行

（上海中山北路 832 号 邮编 200070）

http://www.pspsh.com

各地新华书店经销　三河市金泰源印务有限公司印刷

开本 787×1092 1/12　印张 18　字数 216 000

2015 年 1 月第 1 版　2024 年 3 月第 3 次印刷

ISBN 978-7-5427-5964-1　定价：39.80 元

目录

CONTENTS

第一章 算术和代数趣题 001

第一节 钱币趣题 002

001 邮局里的难题 002
002 早熟的少年 003
003 牲口市场上 003
004 宴会谜题 004
005 奇妙的境遇 004
006 捐赠遗嘱 005
007 留给妻子的遗产 .. 005
008 独具一格的善举 . 005
009 买卖飞机 006
010 购买礼物 006
011 自行车午餐 006
012 奇怪的钱 007
013 资金疑问 007
014 钱的平方数 007
015 口袋里的钱数 008
016 一个百万富翁的难题 008
017 使人迷惑的储钱罐 .. 009
018 市场里的妇女 009
019 元旦促销的晚餐 009
020 购买的香肠和牛肉 ... 010
021 苹果个数 010
022 种类不同的鸡蛋 011
023 礼盒问题 011
024 不找零的商店 011
025 零钱问题 012
026 观察的疏忽 012
027 不完整的硬币 013
028 概率问题 013
029 买卖地皮 014
030 普金夫人的困惑 014
031 服装处理 015
032 便宜的车票 015
033 兑换问题 016

034 布匹经营和
杂货经营..................016
035 卖出的牲畜数量.....017
036 购买苹果..................017
037 买栗子......................018
038 吃亏的售货员.........018
039 橘子的价钱.............019
040 麻绳买卖..................019

第二节　年龄趣题　021
041 妈妈的岁数.............021
042 夫妇的年龄............022
043 5 个孩子的年龄.....022
044 蒂克尼夫人的年龄 023
045 玛丽的年龄............023
046 自行车礼物............023
047 马克和玛丽............024
048 小狗多大了............024
049 托米多大了............024
050 波卡洪小姐的年龄 025
051 两家人的年龄........025
052 礼物的分配............025
053 农夫的回答............026
054 复杂的夫妻关系....026
055 奇怪的谈话............027
056 聚会的人数............027
057 三重家庭关系........028
058 威尔逊谜题............028
059 维纳的年龄............031

第三节　时钟趣题　032
060 现在几点了............033
061 时间间隔...............033
062 奇怪的手表............033
063 码头谜案...............034
064 互换位置...............034
065 秒针的分布............035
066 秒　表...................035
067 速度不同的
三个时钟...............036
068 候车厅里的时钟...037
069 乡村里的智者.......037

第四节　运动和速度
趣题　038
070 平均时速...............038
071 比较两列火车的快慢038
072 村庄间的距离.......039
073 称霸的山羊...........039
074 苍鹰逐日...............040
075 养老金的领取问题.041

076 水上的距离 041
077 爱德的问题 042
078 骑驴比赛 042
079 摆放土豆 043
080 车　费 043

第五节　数字谜题 044
081 找出啤酒 044
082 数字排列 045
083 偶数奇数 045
084 储物箱问题 046
085 三组数字组合 047
086 9 枚硬币 047
087 10 枚硬币 048
088 数字的乘法 048
089 为难的小丑 048
090 被警察记录的数字 049
091 奇异的乘法 050
092 核对号码 050
093 数字的除法 051
094 加　法 051
095 有关 100 的难题 052
096 更多的带分数 052
097 最大最小平方数 052
098 奇妙的 11 053
099 4 个 7 053
100 数字 100 054
101 骰子上的数字 054

第六节　代数杂题 055
102 圆桌的直径 055
103 学生的人数 056
104 洞口的深度 056
105 五捆干草 057
106 格宾斯先生的蜡烛 057
107 警察抓小偷 058
108 议会的投票 058
109 马德镇的选举 059
110 参会的人数 059
111 妇女求婚的人数 059
112 栗子争夺战 060
113 为难的僧侣 061
114 玉米地的面积 061
115 有关遗产的分配 062
116 毁坏的数字 062
117 奇特的数字 062
118 错误的印刷 063
119 守财奴的转变 063
120 土地的实际面积 064
121 古老的游戏 064

122 分布在圆周上的平方数......065
123 奶牛生意......065
124 莱克布恩的本钱......066
125 贷款买房......066
126 绵羊的数量......066
127 抛硬币的输赢......067
128 花生的个数......068
129 小男孩的重量......068
130 年金的数量......069
131 财产的分配......069
132 认清楚自己的妹妹......070
133 奇怪的定义......070
134 股份分配......071
135 罢工花费......071
136 看似简便的乘法......072
137 除法问题......072
138 小鸡和牲畜的交换......072
139 正方形的面积......073
140 小鸡的数量......074
141 黑斯廷斯战役......074
142 雕刻底座......075
143 吝啬鬼......076
144 9 个藏宝箱......076
145 抢劫金币的数量......077
146 石匠的困惑......078
147 参军人数......078
148 三角数问题......079
149 艰难的炮兵......080
150 荷兰人的妻子......081
151 对艾达姓氏的寻找......082
152 周六的购物......082

第二章 和几何有关的谜题 083

切割谜题 084

第一节 希腊十字架趣题 086

153 被子的形状......096
154 希腊十字架......097
155 三角形与十字架......097
156 十字架的折叠......098

第二节 分割趣题 099

157 比较容易的切割谜题......099
158 剪出来的瑞士国旗......099
159 高兴地学习......100
160 正方形谜题......101

161 分包子......................102
162 护士小姐.................102
163 印度花......................103
164 正方形的巧克力.....103
165 切大饼......................104
166 节约布料.................105
167 用法冠组合正方形 . 105
168 两个小木匠.............107
169 正方形的分割.........107
170 均分土地.................108
171 工匠的困惑.............108
172 奶酪的块数.............109
173 切割问题.................109
174 被单的拼凑..............110
175 残缺的地毯..............110
176 拼凑正方形（一）...... 111
177 拼凑正方形（二）...... 111
178 组合菱形..................112
179 正五边形与正方形 ..112
180 羊圈问题..................113
181 正三角形的分割组合 114
182 凳子与桌面..............114
183 奇怪的符号..............115
184 正方形木板..............116
185 两个马蹄铁..............116
186 一剪得出的五角星 ... 117
187 剪链子......................118
188 拼凑正方形（三）......118
189 切马铃薯的问题.......119
190 圈猪圈......................119
191 地主家栅栏..............120
192 猫的划分..................121
193 分割甜点..................121
194 七巧板悖论..............122

第三节 拼图趣题 127

195 椅子垫...................... 127
196 旗子的组合.............. 127
197 斯麦莉夫人的圣诞礼物................128
198 被子的分割.............. 129
199 正方形的绸缎.......... 129
200 又一个被子问题..... 130
201 分割油毡.................131
202 油毡问题.................131

第四节 几何杂题 132

203 纸箱的大小.............132
204 偷盗绳子.................132

205 平均分地……133
206 火车站的距离……134
207 花园的大小……134
208 螺旋的画法……135
209 画椭圆的方法……135
210 圣·乔治的旗子……136
211 晾衣绳的高度……136
212 挤奶工的问题……137
213 球的大小……138
214 出售土地的面积……138
215 武泽土地的大小……139
216 一轮新月……139
217 建造围墙的方法……140
218 羊　圈……140
219 围墙的修建……140
220 贝琳达夫人的花园……141
221 被拴住的山羊……142
222 棍子的摆放……142
223 爸爸的困惑……142
224 风筝线的长度……143
225 蓄水池的制作……143
226 圆锥的切割问题……144
227 轮子问题……144
228 全新的火柴难题……145
229 6 个羊圈……145
230 奇怪的圆规……146

第三章 和点、线相关的谜题 147

231 国王的堡垒……148
232 果树园子……148
233 种树的问题……149
234 21 棵树……149
235 十枚硬币……149
236 肉饼的排列……150
237 庄园里的树木……150
238 战斗中的俄国人和土耳其人……150

参考答案 151

第一章

算术和代数趣题

一个伟大的数学家，到底是干什么的？

——莎士比亚《奥赛罗》的首幕开场

为了方便读者阅读，我们将这部分谜题大概划并为一类，这些谜题，难易并存，并非是由难到易或者是由易到难排列的。我们只是想告诉读者朋友，谜题的本质与其表面呈现出的现象是有区别的，引导读者体会这种区别正是谜题顺序安排的目的所在。所以，一些看起来难度不大的谜题，却有陷阱内设其中。假如大家准备不太充分，或盲目自信，大概就要犯错误了。

解题时并不限制读者只使用一种解答方法，相反，解答方法可以任由读者尽情地发挥。

第一节　钱币趣题

钱无法承载我们的信任，可是我们一定要把钱托付给可以信赖的人。

——奥利弗·温德尔·霍姆斯

001 邮局里的难题

日常生活里，我们时常会因为一些关联性大又具有迷惑性的谜题困惑不已，特别是买东西的时候，我们更容易遇到这种情况。

我对下面这个在邮局工作的妙龄美女特别佩服。我们一起来看这样一个场景：一个绅士走进了邮局，他在柜台上放了 1 克朗，这相当于英国旧币 5 先令，现在的 60 便士。然后，这位绅士说：“我要一些邮票，它们分别为每张 1 便士、2 便士和 2.5 便士的，在数量上 1 便士的邮票是 2 便士的 6 倍，其余的都是 2.5 便士的邮票。”女士愣了一下，随即笑了笑，并把邮票递给了这位绅士，结果居然分毫不差。

把这个谜题抛给你，你要花多长时间才能给出答案呢？

002 早熟的少年

一个少年以惊人的速度成熟。他总是被大家称赞说：“将来，这孩子一定十分聪明，一定能成就一番事业。”然而，被称赞的这类人最终往往都会变得极其平庸。这是从以往的经验中得出的结论。真正能成就一番事业的往往与之相反，是大脑反应相对较慢的孩子。对于什么样的孩子是蠢材，什么样的孩子是天才，我们永远也无法分辨。我们总能总结出自然界呈现给我们的某些悖论。众所周知，往往那些曾给人们带来惊奇的速算者，通过对算数规则的学习后，这股神秘的力量反而会消失不见。我们还是看一下这个早熟少年的神奇吧。

这个叫做弗雷德的少年正在吃着香蕉，他的一位朋友走过来问他：“这些香蕉花了多少钱呀？”弗雷德给出的回案很奇怪：“我用面值为 6 便士的硬币，购买了 $16\times12\times12$ 根香蕉，所付硬币的数量是用 5 英镑购买香蕉数量的$\frac{1}{2}$。”

读者朋友，不知道你用多长时间能算出弗雷德购买这些香蕉花了多少钱?

003 牲口市场上

在牲畜市场里，来自不同小村庄的三个人碰到了一起。哈吉和对面的杰克斯商量说：“用你的 1 匹马换我的 6 头猪，这样，在数量上，你的就会变成我的 2 倍。”一旁的杜瑞特对哈吉说：“这样的方式是你做买卖经常用到的吗？若真如此，你可以拿 1 匹马换走我的 14 只羊，这样，你拥有的牲口数量就会变成我的 3 倍。”这时，杰克斯又对杜瑞特说：“既然这样，我更要对得起你，你可以用 1 匹马换走我的 4 头奶牛，这样，在数量上看，你拥有的牲口数量将会是我的 6 倍。”

这样的牲口交换方式是极其古老的。请问读者朋友，在去牲畜市场之前，哈吉、杰克斯以及杜瑞特分别带了多少牲畜?

004 宴会谜题

有个老板正在举行宴会犒劳员工，这样的宴会他一年举办一次。接受邀请的有四类人：做手套的 12 人，做帽子的 18 人，裁缝 20 人，修鞋的 25 人。6 英镑 13 先令是他们总的消费金额。而从单人消费来看，8 个做手套的人的花费等同于 6 个做帽子的人的花费，12 个裁缝的花费等同于 9 个做帽子的人的花费，4 个裁缝的花费等同于 5 个修鞋人的花费。那么，这四类人每一类的单独花费分别是多少?

注：1 英镑等于 20 先令，1 先令等于 12 便士。

005 奇妙的境遇

最近，贝克尔、爱德蒙斯、杜博桑、卡尔特、法兰克斯、艾德瓦斯以及古德基 7 个男人都在玩一个名为“没有结果”的游戏。任何一人赢得了游戏都要使其他几个人腰包里的钱加倍，这是 7 个人共同的约定。也就是说，别人腰包里有多少钱，他要依照此数目再拿出多少来。可是，在玩了 7 局之后，依照上面名字的顺序，每个人都赢过 1 局，结果，7 个人居然有了同样多的钱数——2 先令 8 便士，这真是件奇怪的事情。那么，所有人在开始的时候分别有多少钱?

006 捐赠遗嘱

一个人在死后把这样的遗嘱留给了遗嘱执行人：每年把 55 先令的捐赠款分发给教区的穷苦人；男人可以分到$\frac{1}{2}$克朗，女人可以分到 18 便士，并且男人的数量和女人的数量都比 1 大，当然因为男女人数在每一年里都不固定，所以每年的分发钱数应当是有区别的。请问有几种分配方式？这样每年男女人数不同的分发方式可以连续分发多少年？

007 留给妻子的遗产

一个绅士刚刚逝世，他留给自己的妻子、4 个女儿、5 个儿子 8 000 英镑的财产。绅士特别规定，对于这些钱的分配，每个儿子的钱数应当是每个女儿的 3 倍，而每个女儿的钱数应当是妻子的 2 倍。你能计算出妻子应分到多少钱吗？

008 独具一格的善举

某位绅士在一天晚上回家的路上，陆续遇到三个向他乞讨的人。首个乞讨的人得到了绅士口袋里所有钱数的$\frac{1}{2}$，另加 1 便士；下一个乞讨的人得到了余下的钱的$\frac{1}{2}$，另加 2 便士；最后一个乞讨的人得到了剩余钱数的$\frac{1}{2}$，另加 3 便士。最后到家时他仅剩下了 1 便士。你能回答出，这个绅士的口袋里原来到底有多少钱吗？

009 买卖飞机

某人买回来两架飞机，因为飞机无法满足他的要求，之后又卖了出去。两架飞机中的一架盈利 20%，另外一架赔了 20%，可是售价均为 600 英镑。这两架飞机到底是赔钱还是赚钱？赚或赔的具体数目又是多少？

010 购买礼物

本杰明叔叔对一旁的威廉说："猜一猜我上周在镇上遇到谁了，兄弟？那就是正在到处购买礼物的小气鬼乔克。他对我抱怨说：'圣诞节应当被政府规定为不合法，相互赠送礼物同样是不可以的。今天回到家后，我发现花出去的钱是出门前的$\frac{1}{2}$。你可能无法相信，我回家时口袋里的英镑数是出门前先令数的$\frac{1}{2}$，而先令数又和出门前的英镑数相等，真的是很奇怪！'"乔克到底花费了多少钱来购买礼物呢？

011 自行车午餐

唐瓦斯所在银行的员工集体休了一次假。他们选了一个非常好的天气，决定骑自行车去户外旅游。他们一起在一家老客站吃午餐，并告诉那里的老板："结账时大家所吃的花费都要算在一起，并且在钱数上，我们所有人要平分。"马上，一张 4 英镑的账单被放到了桌子上。可是有 2 个同事居然先溜走了，是唐瓦斯最先发现了这件不幸的事情。因为有 2 个可恶的家伙没有付钱就走掉了，结果其余留下来的人都要比原来多付出 2 先令。请问他们总共有多少人？

012 奇怪的钱

你是否已经发现，15 918 便士就相当于 66 英镑 6 先令 6 便士。另外就是，15 918 五个数字相加的和与 4 个 6 相加的和相同，都是 24。这个例子是十分有趣的，以这个思路为基础，你是否能再找出一组由相同数字的英镑、先令和便士组成的钱数，其中所有数字之和与这笔钱转化为便士之后的数字之和相同。这笔钱的数目是多少？

013 资金疑问

98 765 英镑 4 先令 $\frac{3}{12}$ 便士是由 1~9 九个数字各用一次组成的包括英镑、先令、便士、$\frac{1}{4}$ 便士在内的钱数的最大值。那么在相同的情况下，最小的钱数是多少？

014 钱的平方数

“2 便士乘以 2 便士和 2 便士加上 2 便士的结果都是 4 便士，这真的是奇怪极了！”这是马西克对自己的朋友说的话。这里的乘数用的是钱数而不是抽象的数字，当然是不正确的。和2英尺乘以2英尺结果为4平方英尺相同，4平方便士应当是2便士和2便士的乘积！可是，没有人知道1平方便士到底是个怎样的东西，但为了容易让人理解，我们可以把4便士假设为2便士和2便士的乘积。问题是，满足这个结果的最小数的两笔钱是多少，当然它们不一定相同，可是当前的硬币必须可以支付。

015 口袋里的钱数

有一些硬币被我装在我的口袋里，除了4先令面值的之外，其余都比较齐全。我此刻要提出的问题是：如果半英镑的零钱在我这里无法兑换开，那么我的口袋里最多可以有多少钱？

016 一个百万富翁的难题

在摩根先生所在的州，他是蚌王，拥有数百万美元的财产。但他特别痛苦，不知道自己的钱该怎么花。因此，他下定决心要拿那些不太富裕但非常幸福的朋友来开个玩笑。虽然，他从来不曾受过这些朋友的伤害，可是他依然要把这个万恶之源带给他们。他要把100万美元分给这些穷苦的朋友们，他要看到他们是如何变坏的。可是，他这个人十分怪异和迷信，像这些7、49、343、2 401等1或者7的乘方数才是他可以给出去的美元数量，这是必须坚持的原则，也就是用7简单地相乘就可以得出这些数字。另外，至少6个以上的人们所得到的钱数必然不同。在这些条件下，我们怎样才可以把这100万美元，分给尽可能多的人们呢？

017 使人迷惑的储钱罐

同一天，威廉、约翰、汤姆斯和查尔斯兄弟 4 人都得到了一个储钱罐，随后他们把自己的钱换成尽可能少的硬币放到了储钱罐里，否则的话放不下。随后，兄弟们分别把自己的钱数告诉了其他 3 个人，最后得出了这样的结果：假如威廉储钱罐里的钱再加 2 先令，约翰的减少 2 先令，汤姆斯的钱数就可以增加 1 倍；而查尔斯的钱数变为现在的$\frac{1}{2}$的话，兄弟 4 人的钱数就可以同样多了。

但是仅有 6 枚硬币，共计 45 先令被存放在 4 四个储钱罐里，要求出每个储钱罐里的硬币数是件十分有意思的事情，你是否愿意试一试？

018 市场里的妇女

在某个市场里，有一群妇女正在出售商品，计量单位都是个，但单价有区别。由于没有零钱，这些商品每千克的价格最低只能是 1 元。奇怪的是，最后她们最后各自得到的钱数居然相同，都是 105 元。在满足现有货币支付手段的同时，请回答最多有多少个妇女在这个市场里卖东西？

019 元旦促销的晚餐

我这里有一组很有意思的数字，是伦敦一家不大的咖啡馆老总给我的。他是这样说的："18 便士为来这里的单身女士的平均消费，半克朗为来这里的单身男士的平均消费，半几尼为成对客人的平均消费，我打算拿出 5 英镑在元旦前夜为 25 个人提供晚餐。”假如是在平均消费水平下，他在那一夜是如何安排的？当然，那一夜的情况只能是单身男士、单身女士或者是成对客人，而不会有什么大的聚会情况。

注：1 克朗 =5 先令　1 先令 =12 便士　1 英镑 =4 克朗

020 购买的香肠和牛肉

伯恩夫人对珍妮夫人说：“邻居购买了相等重量的香肠和牛肉，两者的单价分别是每磅 18 便士和每磅 2 先令。在我看来，不如把钱数等分来购买香肠和牛肉，这样最后得到的重量可以多 2 磅。你能告诉我，她到底花了多少钱吗？”

伯恩夫人笑着回答说：“虽说是事不关己，但我要说这位夫人真的是对于家庭管理有些缺乏经验，她居然花这么多的钱去购买香肠和牛肉？”

珍妮夫人接着说：“我和你有同样的看法，亲爱的，可更重要的是商人的道德和名声都叫她毁坏了。”

你能算出这位夫人花了多少钱，分别卖了多少香肠和牛肉吗？

021 苹果个数

我花费了 1 先令购买了一些苹果，随后发现苹果的个头不够大，所以我又多拿了 2 个苹果。这使得一打苹果的价格刚好便宜了 1 便士。我之前购买的苹果个数到底是多少？

022 种类不同的鸡蛋

在一家乳制品店里，一个人正在购买鸡蛋。鸡蛋的价格有很多种，他想混合购买。最贵的 5 便士 1 个，是刚生下的蛋；1 便士 1 个是新鲜的；0.5 便士 1 个是普通的；还有一种是价格非常低的选举使用的投掷鸡蛋，这一种他现在不需要，毕竟现在没有选举活动。结果，他用 8 先令 4 便士购买了 100 个其他三种价格的鸡蛋。在有两种价格的鸡蛋个数相同的情况下，请问三种价格的鸡蛋个数分别是多少?

023 礼盒问题

有个人告诉我，他在许多年前用 1 英镑 10 先令 1 便士购买了 100 枚英国银币并且放到圣诞礼盒里，他打算以一定的数量把它们平均分配给所有人。他应当怎样分，请你估算一下，可以分给多少人？提示：我们的谜题和这些古老的英国银币其实一点关系也没有。

024 不找零的商店

在一家不设找零的商店里，有两位女士正在购物，她们购买的东西都不会少于 5 先令。其中一个自豪地说道：“我付账时刚好用到的硬币数量不少于6 枚。”“我的也一样，这真的是太巧了！”另一个在思索片刻后大声说道。

奇怪的是两个人在联合付款后仍然只付了 6 枚硬币。请问她们购买商品的最少钱数是多少，两个人是否同样多?

025 零钱问题

找零钱问题是每个人都会遇到的，有时候解决我们的谜题也需要借助于别人的几枚硬币。请看下面的例子：在纽约的一家商店里，一个英国人购买了 34 美分的商品。他兜里的钱仅有一枚 2 美分的硬币，一枚 3 美分的硬币，以及一张 1 美元的纸币。可商店老板仅有 0.25 美元和半美元的纸币。另一位顾客刚好在商店里，于是他们请他帮忙兑换一枚 1 美分的硬币、一枚 2 美分的硬币、一枚 5 美分的硬币、两枚 1 角的硬币。请用适当的方式给出老板的找零方法。

注：1 美元 =100 美分，1 角 =10 美分

026 观察的疏忽

大家时常疏忽一些小事情，我们的记忆也总是不断被掩盖。最近一位法官提到这样一件小事情：他一点都不记得关于给自己老婆戴戒指的事情了。也有关于类似这种细节的谜题，比如关于硬币的谜题，比如刻在 1 便士硬币上面的日期是刻在硬币的哪一面？这些硬币几乎每天都会出现在我们眼前，可是在遇到此类谜题时，我们依然感到措手不及，这都是因为我们对小事疏于观察造成的。

在桌面上，1 便士硬币的周围可以同时放上多少枚和它相切的硬币？在不用试验的情况下，几何学家可以快速地给出答案，这是一定的。所有的硬币都适用于这样的答案，因为硬币形状是相似的。下面，我们要为一群人出一个共同的谜题，谁都不要看别人的答案，把自己的答案全都写到纸上去。题目是这样的：在一枚半克朗的硬币的表面摆放一些3便士的硬币，不准重叠，请问最多可以摆放多少枚？答案千奇百怪，可是正确的没有几个。其实正确的答案完全可以在不看硬币的情况下给出来，你也可以试一试。

027 不完整的硬币

有 3 枚硬币同时出现在某人的手里，它们残缺的部分都是一样的。如果说其名义上的价值和其完整时的价值相同，换句话说也就是，1 枚金币的价值是 1 英镑，1 先令的价值是 1 先令，1 便士的价值是 1 便士。如今 3 枚硬币的价值刚好是 1 英镑，请回答它们残缺的部分是多少？

028 概率问题

和其他的问题相比，概率问题更容易让人出错。这里给出的例子都是十分容易的，可是它仍然难倒了很多人。有个朋友拿出了 5 枚硬币并且对我说：“同时将 5 枚 1 便士的硬币抛出去，有多大几率可以得到 4 个反面或 4 个正面？”我们很容易找出正确答案，可是他自己却没有给出答案来。还有下面的一个小问题，另外一个人同样没有给出正确的答案。这个问题是：“有个箱子里同时装有 3 枚金币和 1 先令请人们随意掏出 1 枚硬币，请问根据几率，一个人应付多少钱，才可以从中掏出 1 枚硬币？”我们很清楚，拿到每枚硬币的几率是同样的。

注明：1 英镑等于 20 先令，1 先令等于 20 便士。

029 买卖地皮

在郊区发展的热浪推动下，好多人都涌向郊区，可是有个房地产商人竟然下错了车。所以，他只能在下车的地方等候下一次列车。到了目的地他突然有了灵感，他购买了一块地花费了 243 美元，之后，把购买来的地块分成若干小块，再以每块 18 美元的单价卖给原来的地主，最终的盈利刚好是 6 小块买进时的价格之和。地块到底被地产商分成了多少小块出售，读者朋友，此刻你们是否有了答案？

030 普金夫人的困惑

最近收到了普金夫人一封这样的来信：“我近来被一个小小的计算问题困扰了，假如你可以告诉我此题的答案，那将是件十分令人高兴的事情。事情大致是这样的：我结婚的时间不长，如今操持家务已经两年了。可是丈夫刚刚告诉我，仅仅房地产税等就耗费掉了他年收入的$\frac{1}{3}$，家庭开销耗费了年收入的$\frac{1}{2}$，其他用途占了年收入的$\frac{1}{9}$，如今存在银行的全部财产仅有 190 英镑。有一天我看到了存折，这个数字一点没错。可是我不知道在钱的问题上，我丈夫是否应当给予我充分的信任？可是，对于他自己的收入，他从来不曾告诉我，因此，我特别想弄明白，他的年收入到底是多少？”

根据普金夫人的信的内容完全可以计算出她丈夫的收入。可是假如让你们计算，一定会出现很多超出正确答案的数字，不妨试一试。

031 服装处理

一个服装店的老板在处理自己的库存时打算不计成本，可是他的降价总是有规律的，这一点被我发现了。20 美元是衣服最初的价格，8 美元是首次降价后的价格，3.2 美元是再次降价后的价格，1.28 美元是又一次降价后的价格，而成本价就是下次降价后的价格了。你们知道这批衣服的成本价吗？

032 便宜的车票

“圣诞节期间乘便宜的短途列车！”这是一个车站内部悬挂的横幅标语。在火车到来之前，当地人已经把小小的售票厅挤满了。购票的村民总是拿最小面值的钱币来购买火车票，这令售票员十分头痛。

他说杂货店常用$\frac{1}{4}$便士的零钱，他这里足够他们用一个星期，教堂分发给教众的是 3 便士的钱，他这里足够分给 3 个教区的。他最后说车费是 19 先令 9 便士。假如用这个国家现在流通的货币，具体的支付方式有多少种？

注意，4 便士不是流通的货币。

033 兑换问题

现使用英镑、先令、便士来代数总钱，如果英镑的数目（一定要比 12 英镑低。）大于便士的数目的话，颠倒英镑和便士的数目顺序，所得的总钱数与原钱数之差，加上颠倒顺序之后的数目，其和为 12 英镑 18 先令。绝大多数钱数符合此条件。当然总钱要不超过 12 英镑，且先令、便士的数目不能小于 0。

① 最小的一笔不满足条件的钱数是多少?

② 和条件相符的最大一笔钱数是多少?

我们一定要清楚，3 英镑 15 先令 14 便士和 3 英镑 16 先令 2 便士两者都是 14 英镑 15 先令 3 便士的颠倒形式，所以两者是一样的。

034 布匹经营和杂货经营

一个布匹经营者和一个杂货经营者在一个小村庄里激烈地竞争，他们的竞争项目是为顾客服务的速度。布匹经营者可以在 1 分钟里裁剪出 3 块 1 英尺长的布；用相同的时间，杂货经营者可以称出 2 个 1 磅重的糖果包。一些顾客们在一个不太忙碌的日子里为两个人举行了一场比赛。布匹经营者被要求将 1 卷 48 英尺长的布料全部裁剪成 1 英尺长的布料，杂货经营者被要求在 1 桶糖果里称出 48 个 1 磅重的糖果包。两个人被顾客打扰的时间一共用了 9 分钟，可是在被耽搁的时间上，经营布匹的是经营杂货的 17 倍。你是否已经清楚地知道了比赛结果呢?

035 卖出的牲畜数量

朱德科是德克萨斯州的牲畜经销商，他拥有牛、羊、猪组成的5大群数量相等的牲畜。在一天早上，他以总价301美元、单价为17美元1头牛、2美元1只羊、4美元1头猪的价格把所有的牲畜卖给了8个经销商，8个商人拿到的牲畜数量是相等的。请问，数量最大的牲畜是哪一种？每种牲畜的数量分别是多少？

036 购买苹果

我们好不容易才购买到数量极少的苹果，我仅就此提出自己的几点看法。有一个故事是人们都知道的，当一个老妇人把用3便士可以购买4个苹果的事告诉一个男孩后，这个聪明的男孩说："既然如此，那就是2便士可以购买3个苹果，1便士购买2个苹果，而0便士就可以购买到一个苹果了，请给我一个1苹果！"

相似的问题还有很多。有一次在一个水果摊上，男孩拿了一个价格为1便士的苹果，可是老板告诉他苹果和梨的价格相同，他于是随手把苹果换成了梨，并且转身就走。老板喊住他说："请把梨的钱付给我。"男孩回答说："这可是我用自己的苹果换来的呀！""可是，苹果你同样没付钱呀！""我的天呀！我怎么会同时为苹果和梨付账呢？"男孩趁着老板思绪混乱之际悄悄溜走了。

还有一次，有人给了男孩6便士，并且告诉他假如可以使得6便士变成9便士就可以再次得到奖励。男孩离开5分钟后又回到了原地。把3便士递给了刚刚给他钱的人。这个人十分不解，于是男孩告诉他："我购买了 3 便士的苹果，现在有 3 便士在卖苹果的老板那里，而我有 3 便士的苹果，另外剩余的 3 便士就在你的手里面，这难道不是刚好 9 便士吗？"

说了很多男孩购买苹果的事情只是想给大家一些启示，想一想男孩用了哪些技巧。我将会用一个简单的实例来说明这些贸易类的谜题。

有种大小不同的苹果被老板以不同的价格出售，售价分别是 1 便士 3 个，1 便士 2 个，1 便士 1 个。当然就大小来说，第一种的 3 个、第二种的 2 个、第三种的 1 个是完全相同的。有个绅士要把购买到的苹果分给一群男孩和女孩数量相等的孩子们，最后他只用了 7 便士就使孩子们分到的苹果大小、数量都相同，而且每人数量还要大于 1 个，最后苹果刚好分完。应当怎样分？有多少个孩子？

037 买栗子

虽说题目和购买栗子有关，可是这并不是"栗子"谜题。谜题颇具新意。刚看到时觉得有点不靠谱，可是细心思索后才知道是有道理的。

在一个商店里，一个人拿出 1 便士要购买栗子，老板拿给了他 5 个。这个人马上说："你还差我$\frac{1}{6}$个。"老板也不示弱，说道："可是，再给你一个你就多了$\frac{5}{6}$个。"两个人说的都没有错，试问用半克朗可以买到多少栗子？

038 吃亏的售货员

下面的谜题很容易让人迷惑。某人购买了一辆自行车，价格是 15 英镑，他支付车钱时用的是 25 英镑的支票。售货员从隔壁店里换来零钱，把 10 英镑找回给了买车人。隔壁老板在买车人走了以后发现支票是无效的，他找到卖车的售货员索要刚刚给出的钱。可是购买自行车的人并没有留下地址，所以售货员只好从朋友那里借来了 25 英镑还了隔壁的老板。自行车的成本是 11 英镑，售货员的损失到底是多少，聪明的你是否已经计算出来了呢？

039 橘子的价钱

吉姆问比尔："这些橘子多少钱？"

比尔回答："忘记告诉你了，我购买了 100 个橘子，可是因为与老板熟悉，所以最后少付了 4 便士。"

吉姆追问："具体能便宜多少呢？"

比尔回答："也就是说，每 10 先令就可以多拿 5 个橘子。"

橘子的价钱是多少？（提示：符合题意的只有一个答案。）

040 麻绳买卖

菲律宾群岛的重要特产之一就是麻绳，人们又称之为吕宋绳。这里的麻绳被中国商人用大船运往世界各地，所以说中国商人实际控制着这里的麻绳买卖。而日本商人和小贩们也有着自己的独特生意经。这里的争吵总是不断，这主要因为价格不固定，交易的货币不固定。

对于当地语言，我不太精通，所以只好粗略地描述一番：

在一家商店里，一个水手走进来问道："请问，这里哪一家商店的绳子最好？"

对于这种隐藏的侮辱，店主十分生气，可还是强忍了下来，回答说："我这里没有差绳子，即便是差的也要好过你所说的好绳子。"

"那我要看一下你这里最好的绳子，价钱是多少？"

"每捆长 100 英尺，价格是 7 元。"

"质量一般，价格太高了，而且太长了，我打算用 1 块钱购买好绳子。"

店主拿出证明质量和长度的封印，并且说："这是标准的绳子，假如你的钱不是特别充足，我可以零售，价格是每英尺 2 分钱。"

水手一边手里拿着 5 元的金币炫耀，一边说："那就来 20 英尺。"

为了显示出自己的绳子尺寸足够，店主人在对 20 英尺的绳子进行测量时，动作很大方。可是，原本 1 码长的尺子被他在 33 英寸的地方折断了，刚好少了 3 英寸，这一点没逃过水手的眼睛。因此，在店主人把绳子剪断之后，水手却突然说："要购买的是 80 英寸的那段，并且自己搬走就可以了。"随后把 5 元的假金币付给了店主人。因为零钱不够，主人在隔壁兑换了之后把零钱给了水手。

当这个假金币被隔壁老板发现后，找回店主人退钱，而绳子的价值确实是 2 分钱 1 英尺，你是否可以算出，店主人损失了多少钱吗？

第二节　年龄趣题

《诗 90 ：10》中说过："短短的 70 年就是我们的一生。"

年龄谜题数个世纪以来一直备受人们关注。使用代数方法往往便可以轻松解决那些看似比较困难的谜题。许多人都会被亲戚关系的谜题弄得晕头转向。这样的情况有时甚至出现在人们普通的谈话过程中。比如像这样的语言：我叔叔的女婿的妹妹。在这样的情况下，存在大脑中的家谱图可以帮我们很大的忙。可家谱图这工被现代人们渐渐忽视，这真让人感到惋惜。

041 妈妈的岁数

托米问妈妈："您的年龄是多少呀？"

妈妈回答道："儿子，是这样的，70 岁是我们 3 个人的年龄之和。"

"真大呀！那你的年龄又是多少呀，爸爸？"

"爸爸的年龄是托米的 6 倍。"爸爸回答道。

托米又问爸爸："爸爸，我的年龄会不会变成你的$\frac{1}{2}$。"

"可以的，儿子，到那时，我们的年龄之和是现在的 2 倍。"

“可是爸爸，假如我出生得比你早，而妈妈对所有一切又记不得了，而我出生时她不在家……”

妈妈笑着说：“好了，儿子，我们该休息了，不然要头晕了。”

这会儿，依照父母的谈话内容，对于父母的年龄，托米可以准确地计算出来了。你是否也能计算出来呢?

042 夫妇的年龄

一位妻子这样叙述自己和丈夫的年龄：丈夫比我大，且把他的年龄数字的前后位置互换就是我的年龄。并且我们两个人年龄之和的$\frac{1}{11}$，就是我们两个人年龄的差。夫妇两人的年龄到底是多少，你能计算出来吗?

043 5 个孩子的年龄

应叔叔的邀请，斯密亚夫妇和 5 个孩子来到叔叔家做客。他向叔叔介绍年龄时这样说：儿子比利的年龄是女儿小格特鲁德的 2 倍；而另一个女儿亨利埃塔和小格特鲁德的年龄之和是比利的 2 倍；而儿子查理和比利的年龄和刚好是亨利埃塔和小格特鲁德年龄之和的 2 倍，如果再加上另外一个 21 岁的女儿珍妮的年龄，3 个女儿的年龄之和刚好是两个儿子年龄之和的 2 倍。5 个孩子的年龄分别是多少，你能计算出来吗?

044 蒂克尼夫人的年龄

艾德温对一边的安吉丽娜说："18 年前，蒂克尼夫妇结婚时，蒂克尼的年龄居然是妻子的 3 倍，如今却变成 2 倍了，你知道这件事情吗？"

"那么 18 年前蒂克尼夫人到底是多大呢？"安吉丽娜问道。

对于安安吉丽娜的问题，你是否能回答出来？

045 玛丽的年龄

有关玛丽的年龄问题，爷爷是这样说的："她和安妮的年龄之和是 40 岁，两个人初次见面时，玛丽的年龄是安妮的 3 倍，两个人当时的年龄之和正好是现在安妮的年龄。"你能计算出玛丽的年龄吗？

046 自行车礼物

女孩在自己 12 岁生日那天对母亲说："妈妈，我可以有一辆自行车吗？"

妈妈的回答是，"当然可以，可是不是现在，因为你现在还没有长大。当我的年龄是你的 3 倍时，就可以了。"

妈妈目前的年龄是 45 岁，这个女孩什么时候可以拥有自己的自行车？

047 马克和玛丽

马克:“玛丽，你知道我们两个人的年龄之和在7年后就会变成63岁吗？”

玛丽：“这是无法改变的事实，我昨天的计算结果告诉我，当你到我现在的年龄时，我们两人的年龄之和刚好是我7年后年龄的2倍。”

那么，两个人现在分别多少岁了?

048 小狗多大了

一个小男孩被问道：“你的小狗多大了？”小男孩的回答很有意思，他这样说：“姐姐的年龄在5年前比小狗大4倍，如今她的年龄却只有小狗年龄的3倍。”

你可以告诉我小狗的年龄是多少吗?

049 托米多大了

托米转学后到达新学校的第一天，老师问他年龄时，他作了一个巧妙的回答：“我是哪年出生的，自己也不记得了。可是，我唯一的姐姐——安，在我出生时刚好是母亲年龄的$\frac{1}{4}$，现在，她是我父亲年龄的$\frac{1}{3}$。目前，母亲的年龄的$\frac{1}{4}$就是我的年龄。而父亲4年后的年龄将会是我4年后的4倍。”

老师根据托米的叙述知道了他的年龄。你能准确地计算出他年龄吗?

050 波卡洪小姐的年龄

波卡洪小姐有14个弟弟妹妹，这15人中，依次出生年龄间隔都 是1.5年。对自己年龄比较保密的波卡洪小姐说，她的年龄比15人中年龄最小的那个弟弟大7倍。假如你身为人口普查员，你能计算出波卡洪小姐的年龄吗？

051 两家人的年龄

吉普斯家和史密斯家各有4口人，巧合的是，每家的年龄之和都刚好是100岁。并且在两个家庭里，两个孩子年龄的平方和加上母亲年龄的平方之和正好是父亲年龄的平方。已知在吉普斯家，姐姐朱丽亚比自己的弟弟乔大1岁；而在史密斯家，索菲比弟弟萨米比大2岁。两家人的岁数到底各是多少呢？

052 礼物的分配

三个男孩收到了他们的的圣诞礼物——装有770个坚果的袋子，他们商定以自己的年龄为标准来进行分配。17.5岁是三个人的年龄之和。假如男孩 a 分到4个的话，男孩 b 就要分到3个；假如男孩 a 分到6个的话，男孩 c 就要分到7个。请回答男孩 a、b、c 的年龄分别是多少？各分到多少坚果？

053 农夫的回答

在公交车上，一位售票员向农夫问在他的孩子的年龄是多少。

农夫特别地高兴，竟然有人对自己的家人如此关心，他笑着回答说："今天是孩子祖母 81 岁的生日，这刚好是我们全家四口人年龄的和。而我是妻子年龄的 2 倍。妻子的年龄是儿子的 5 倍，儿子的年龄是女儿的 5 倍。

你知道农夫儿子的年龄吗?

054 复杂的夫妻关系

帕森在一次晚餐后讲了这样一个故事:

《婚姻法》在我们现在的立法上变得有些关系混乱了。下面的这件事情就很让人费解。姐妹两个分别嫁给了两兄弟。可是其中的一名女子死了，而另一个女子的丈夫也离开了人世，结果，剩下的一男一女再次结婚了。"

一个律师插嘴说："在现有的法律下，一个妹妹又嫁给了亡妻后的另一位哥哥?"

"是的，两个人的法律关系是合乎民法的，并且他们的儿子也是合法的。可是两个人的法律关系又是和民法有悖的，因为女人的现任丈夫是亡夫的哥哥，结果孩子也成了非法的。"

一旁的医生说道："一个可以娶，但是另一个不能嫁!"

"没错，孩子的父亲是合法的，可是孩子的母亲却是违法的。"

艺术家笑着欠了欠身对律师说："假如让我说，法律真的是一门艺术。"

律师解释说：“你可以这样说，为代理人讨回公道，打击犯罪是我们律师应尽的义务，人类的生育健康同样是立法者应当考虑的。”

于是帕森接过来说：“我似乎有些明白了，我所在的教区，有个男人娶了他亡妻的妹妹，这个男人……”

教授忽然插嘴说：“稍等一下，先生，你的意思是有人嫁给了死人吗？”

“当然不会，这个我一会儿再说。斯蒂芬·布朗和简·布朗是这个男子的两个妹妹。就在上周斯蒂芬给我介绍面前的小伙子时说这是他的侄子。我十分坦诚地说他的姑姑是简。可是年轻人却说我说的不对，他是斯蒂芬的侄子，但不是简的侄子。我一直没弄明白这是怎么回事，可是这的确没说错。”

此刻我心中的谜团被律师解开了。请问这位律师的答案是怎样的？

055 奇怪的谈话

女士 a：“亲爱的，那位先生是你的什么人？”

女士 b：“嗯，我母亲的婆婆是他的母亲，可是我的爸爸并不是他！”

女士 a：“没错！”

那么这个男士到底是女士 b 的什么人？

056 聚会的人数

在包含 1 个祖母、1 个祖父、2 个妈妈、2 个爸爸、4 个孩子、3 个曾孙子、2 个儿子、2 个女儿、2 个姐姐、2 个弟弟、一个婆婆、一个公公、一个儿媳妇出席的家庭聚会上，其实只有 7 个人，你一定感到奇怪，为什么不是 23 个人，请试着解释一下这是怎么回事？

057 三重家庭关系

听着约翰·斯洛斯的叙述，约瑟夫·普洛斯有些头痛，他不得不打断了斯洛斯的话说：“亲爱的，我实在是跟不上了！”

可是斯洛斯不死心，央求道：“那我再说一次，这不是很难的东西。你的头衔是我爸爸的妻弟，我哥哥的丈人、我丈人的哥哥。你是不是可以告诉我，我的爸爸是……”

可是普洛斯实在是听烦了。对于这样的三重关系，读者朋友们能梳理清楚吗？

058 威尔逊谜题

威尔逊一边把杂志放到宾馆商务套间的桌子上，一边说：“提到迷惑……”

斯塔先生马上插话说：“迷惑什么？”

“既然如此，你们可以尝试着读一读，这个和我有关的小谜题，或许可以引起你们三个人的兴趣。”

四个在圣诞节前夕正在度假的商人，正围坐在火炉旁，聊着极为普通的话题。自己肯定是没有家的，可是对于其他的人是否有家，成为每个人心中的疑惑。

帕克·郝思特先生接着说："我可以帮上什么忙吗？"

"这个谜题其实十分简单，前提是你要对题意有个清晰的认识才好。是这样的。帕克拥有一个只能容纳两个人的飞行器。因为他太爱冒险了，或者说他特别莽撞，他的敢于冒险的精神，很少能够得到别人的支持。可是对于这种冒险，我的叔叔却想要尝试一试。他在一个晴朗的天气里和帕克一起坐上了飞行器，起飞非常顺利。可是我的侄子在1000米高处忽然……"

司徒先生立刻打断了威尔逊的话，"对不起，先生，刚刚不是你的叔叔吗？怎么这会儿又变成你的侄子了？"

威尔逊不以为然，"是这样的吗？可是没有关系。帕克在听到我的侄子说发动机有问题后，立刻向我的叔叔大喊。"

沃特森先生又插话说："你看，我们都让你一会儿叔叔、一会儿侄子的弄糊涂了。"

"我说的一点没错呀！帕克的确是让我的叔叔去做什么事情，我的侄子此时……"

司徒先生大喊："好了威尔逊，我要再一次问，飞行器上有你的叔叔和侄子这两个人吗？"

"没错呀！我说的有什么问题吗？我接着说，嗯……我的侄子又对帕克说……"

"实在对不起，威尔逊，我还是要打断你的话，飞行器里真的只能坐两个人吗？"

"是呀，只能坐两个人，这是开始就说明了的呀！"

司徒先生又说道："那太空飞行器又是什么东西，你是不是说，有三个人在飞机上？"

“哪里来的第三个人？”

“你自己说的呀！在这个该死的飞机上有你的叔叔、侄子，还有帕克三个人呀！”

“没错！”

“可是只能有两个人在飞机上呀！”

“这也没错呀！”

司徒先生表情凝重地说：“我一直以为你是个诚实可靠的人，威尔逊。是不是最近新上线的商品使你太过忙碌了？”

瓦特又接着说：“马上就好，司徒，可能是我们没有明白。我或许可以弄清楚你的意思，威尔逊，你现在要诚实地告诉我，你的叔叔和侄子到底哪一个是帕克？”

“我和帕克没有任何关系呀！”

三个男子相互看了一眼，不住地叹气。司徒先生起身去拿火柴，给表上发条的郝思特先生仍旧继续自己的动作，沃特森起身去看炉火了。三个人各有所思，没有人打破这尴尬的时刻。

威尔逊先生于是大声说道：“真的令人感到神奇和悲哀，人们总是那样迂腐，为什么没有人去抓事情的真相，这样的事情似乎从来不曾发生在你们的身上。我的叔叔、侄子就是同一个人。”

三个人异口同声地说：“你刚刚说什么？”

“没错呀！我的叔叔就是大卫·乔治林克，他也是我的侄子，他们是同一个人。不好理解吧，到底是怎么一回事，我来解释给大家听。

这件事情其实并不复杂，只是三个人没弄明白是怎么回事。读者朋友们或许能给出答案。

059 维纳的年龄

诺伯特·维纳是 20 世纪有名的数学家，他很小的时候就展示出了出众的才华，3 岁时就拥有了读写能力，14 岁那年大学毕业。之后没几年，他又取得了美国哈佛大学的科学博士学位。

在博士学位授予仪式上，执行主席吃惊地问他："你有多大了？"随后全场都被维纳的回答震惊了，纷纷对他的年龄进行议论。维纳的回答是这样的："我的年龄和它自己平方的乘积是个 4 位数，平方后再平方是个 6 位数，刚好是 0 到 9 这十个数字组成了上面的两个数字，在这两组数中，0~9 之间没有重复的现象发生。所有数字为我所用的现象正是对我将来在数学领域成就一番大事的预示。"

第三节　时钟趣题

《英格尔兹比传奇》有一句话，那就是“请看时钟！”

有一个特别的规定，它存在于固定条件下和时钟等有关的谜题里，这是大家应当牢记的。首先假设指针可以把一秒钟在一分钟里所占的比例毫无偏差地表示出来。可是这些不会在时钟上显示出来。难道说这类的谜题就没有解答方法了吗？数学和逻辑其实是没有差别的，它同样可以根据两个准确的假设推导出正确的结果。推理结果的正确与否是由假定前提的准确性直接决定的。

“假如一定重量的货物可以被 2 匹马拉动，那么我们就可以假定如此 2 倍重量的货物就可以被 4 匹马拉动，而 3 倍的重量就可以被 6 匹马拉动。”这是拉格朗日说过的话。可是实际的情况根本不是这么回事。假设 4 匹马拉动的货物重量和方向是一致的，这是我们推论的前提。可是这样的假设和实际总是存在着偏差，所以就产生了和事实不符的推理结果。这是假设前提的错误，而不是数学的错误，数学仅仅证明了这个错误的存在。假设的正确性直接决定着结果的准确性，这是因为结果总是依据假设推导出来的。不正确的假设必然会推导出不正确的结果。

有一块麦田，假如 1 个人来收割需要 6 天，那是不是说再加上 1 个人就可以缩短为 3 天，加 2 个人就可以缩短为 2 天。所有人的劳动能力相同是我们假设的前提，这和拉格朗日的说法是一致的。可是这需要我们有更多的假设条件，假如 3 个人在一起总是聊天或是玩闹，这势必会减少劳动量，可是假如 3 个人相互参照比较，就会提高工作效率。这些都要需假设条件来完成，最终的结果一定是由这些条件决定的。

060 现在几点了

某人向一位教授朋友请教："布恩，这会儿是什么时间了？"

教授的回答非常古怪："正确的时间是$\frac{1}{4}$正午到这会儿的时间和$\frac{1}{2}$这会儿到明天正午的时间之和。"亲爱的读者朋友，请问现在几点了？

061 时间间隔

假如此刻和 6 点的时间间隔是 50 分钟前和 3 点间隔的 4 倍，那你是否知道还差多少分钟到达 6 点？

062 奇怪的手表

朋友拿着自己的手表说："这块手表的分针和时针每隔 65 分钟就重合一次，走得不是太准确了，应当被拿去修理一下了。"你是否明白这块手表是跑快还是跑慢，与准确的时间相比，它一个小时的误差是多少呢？

063 码头谜案

1887年1月12日，在泰晤士河的某条街上，发生了一次骚乱。因为码头的保险箱被盗了，办公室被翻得一片狼藉，这些状况被来得最早的员工发现了。值夜的人也不见了，可是从来没有人怀疑过这个最早到来的人。最终警方证实了人们的信任。一个曾经遭受过袭击并且身上带有伤痕的尸体被警方从河里打捞了上来。作为重要线索的就是他口袋里的一块停止运行的手表。可是这块表居然被一个可恶的警官转动过了，他是想看一看这块手表还能不能走动。一位军官对他进行了非常严厉的训斥之后，问他是否记得开始的时间。他说记不清了，但对于重合在一起的时针和分针，以及秒针刚刚走过49秒这一点他十分肯定。

让我们首先假定这个手表十分准确，这样你是否能推算开始时的时间呢？

064 互换位置

4点42分是图中钟表显示的时间。指针在另外一个时间里会再次指向这个位置，但是时针和分针已经交换了位置，那个时间就是8点23分。

像这种时针和分针交换位置的情况，从下午3点到午夜一共可以出现多少次，分别是几点，而分针最接近IX的是哪个时间？

065 秒针的分布

图中是一个俱乐部里时钟停止的位置，其中秒针刚好停在时针和分针的中间，下一次秒针停靠在分针和时针中间的位置时刻是多少，这是俱乐部成员向大家提出的问题，当然时钟是能够正常工作的，对于这一时刻，你能计算出来吗?

066 秒 表

图中画的是个秒表。1 分钟的时间里，秒针会绕着表盘走一圈，一个小环在中心点的末端。此刻秒表停止了，不难看出三个指针的距离刚好相等，它们之间的空隙刚好是表盘的$\frac{1}{3}$，当然，三个指针之间的距离完全相等是不可能的，毕竟秒针走的太快了。你是否能说出三个指针在什么时间会再一次等距?

067 速度不同的三个时钟

有三个被设置成 12 点的新时钟在 1898 年的 4 月 1 日星期五被摆放在了一起。但是等到第二天的上午 12 点时，三个时钟中，a 很准时，而 b、c 的时间分别快一分钟和慢了一分钟。如果我们没有把 b、c 的时间调整过来，请问在什么时间三个时钟会再次同时指向 12 点?

068 候车厅里的时钟

在火车站的候车厅里，有面墙高 10 英尺 4 英寸，长 71 英尺 9 英寸。在它上面挂着一个时钟，人们看时间时发现，时钟的指针刚好指向相反的方向，并且和墙壁的对角线平行。你是否能说出当时是几点了？

注：1 英尺 =12 英寸

069 乡村里的智者

在乡村里进行长途旅行的人忽然迷路了，他平常非常爱开玩笑，这时他看到有个老汉正坐在地头上休息。他觉得自己应该过去问一下前面的路怎么走，可是当他看清老汉的面容后，马上后悔了，在他看来，这里的人们一定十分愚钝。所以，他要先对这个老汉进行一番测试，开始当然测试比较简单的。于是他问道："无比聪明的人，你可以告诉我今天是星期几吗？"老汉回答道："在明天的明天是昨天时，今天距离星期天的距离等于在昨天的昨天是明天时星期天到今天的距离。"

看来这个乡村里的人并非是个个愚钝，至少这个老汉就十分聪明，他显然是位智者。那么今天到底是星期几，读者朋友，你们知道了吗？

第四节　运动和速度趣题

《传道书》第九章第二节曾经说过："捷足者未必先登。"

070 平均时速

有一次骑摩托车时，我出去时的速度是 10 英里 / 时，回来时走的是同一条路，但速度却是 15 英里 / 时，这主要是因为回来时路况较好。你能计算出我的平均时速吗？

一定要特别细心地解答这类小谜题，不然就会错误百出。

071 比较两列火车的快慢

站长对于我提出的问题回答的非常干脆利落，所以在我看来，假如拿着它去请教美国或者别的地方的铁路官员就有些不值得了。

伦敦和利物浦同时开出两列火车，终点站是对方出发的车站。它们到达目的地的时间分别在两者相遇后的 1 小时和 4 小时，你能否告诉我速度快的火车比慢的快多少？

072 村庄间的距离

我有一天从 A 地出发，骑摩托车去 B 地，可我竟然走上了经过 C 地的那条路，这显然走错了，和到 B 的距离相比，C 地距离 A 地更近一些，并且我原本应当走的左边那条路和 C 的垂直距离为 12 英里。就这样我一共走了 35 英里才到达了 B 地。假设三段路程都是笔直的，而且都是整数，它们分别是有多远?

073 称霸的山羊

这个故事是布鲁斯·加藤登教授告诉我的，大概内容是：他的邻居养着一只山羊，重 54 磅，它在很长时间里一直在附近的山区自立为王。可是之后又来了一只山羊，这是一个好事的人带来的，这只山羊比他邻居的还要重 3 磅。开始的时候，两只山羊相处得十分融洽，还算太平。可是，某天体重轻的山羊突然在一个陡峭的山顶上向站在土丘上的对手猛扑过去。结果当然是它占了优势。可是因为撞击得太过猛烈，两只山羊都因此丢了性命，这真是件可悲的事情。我认真分析了两只山羊撞击的情形，由此得出了对世界和平产生影响的条件。如果这两只山羊存在明显的差距，它们之间就无法进行争夺战，所以两只大小悬殊的山羊可以融洽地相处。如果两只个头不分上下的山羊在一起，它们之间就会为地位、食物等发生争夺战，最终弱者会被消灭。

这个题目的奇妙之处就在于，“一个 30 磅重的物体，在高 20 英尺的地方坠落下来，刚好可以把山羊的脑壳击碎，使其死亡，这是我们多次试验后的结果。”这是乔治·阿伯克龙比在其著作中说的，他是一位有名的山羊饲养专家。

按照他的说法，两只山羊要把对方的脑壳撞破，需要的速度至少是多少？

074 苍鹰逐日

伊索曾是当初雅典贵族的奴隶。克利萨斯尤其关注到了通过《伊索寓言》展现出的讽刺韵味以及伊索的聪明才智和无穷创造力。苍鹰逐日是其中比较古老的一篇，它讲的是有一只雄心勃勃的苍鹰总想飞上太阳，这只苍鹰每天天一亮就开始起飞，直奔向太阳的方向。中午休息过后，苍鹰又朝着相反的方向飞，因为这时太阳已经开始落山。苍鹰从来不曾放弃过它的追逐。但它每次在太阳落山时，它总是飞回到起飞点，这令他十分不解。

这是个十分有趣的故事，但我真的要说伊索的数学计算一定很差。实际上苍鹰每天下午要比上午多飞行 500 英里，因为下午飞的方向和太阳的运动方向相同，而上午则和太阳的方向相反。

如果美国华盛顿的国会大厦是苍鹰的出发点，当苍鹰绕地球一圈再次回到这个起点是在什么时候？当然对其飞行高度我们可以忽略不计，我们把起飞的时间定在 1896 年 1 月 1 日，星期三，请你回答上面的问题。

075 养老金的领取问题

一位绅士在政府的邮政部门工作，他跟我们说了一件奇怪的事情。有一个上了年纪腿脚不便的妇人，她为了领取自己的养老金每周都要爬山去村里的一个邮局。她上山的速度是 1.5 英里 / 时，下山的速度是 4.5 英里 / 时，这样她在 6 小时里就可以走一个来回。这段路到底有多远，你们能告诉我吗？

076 水上的距离

普德乐维的水上飞机要飞行 5 英里才可以从斯洛肯到达附近的水域。可是因为大风的原因，顺风飞去时仅用了 10 分钟，逆风回来时却用了 1 小时。那么，假如飞机在匀速的情况下，在没有风的天气里，往返一次需要的时间是多少？

077 爱德的问题

图中画的是爱德为了营救自己的漂亮妻子伊莎贝尔正在赶路的情景。爱德心里十分明白，要提前 1 小时到达，就要使自己的速度达到 15 英里 / 时，如果晚到 1 小时，自己的速度就只有 10 英里 / 时。可是，他必须在约定好的时间——5 点钟到达才行，只有这样他才可以营救出自己的妻子。请问爱德先生要走的这段路的距离是多少？

078 骑驴比赛

有一次去海边旅行时，汤姆和杰米进行了一次距离为 1 英里的骑驴比赛。评委是鲍勃先生和他的一些朋友。可是，两头驴总是不愿意分开，因为它们十分熟悉、彼此牵挂，这样，举行一场预赛就变得十分必要了。他们在$\frac{1}{4}$英里、$\frac{1}{2}$英里、$\frac{3}{4}$英里、终点的位置分别安排了评委。以下结果是评委们记录下来的：$6\frac{3}{4}$分钟是前$\frac{3}{4}$英里所用的时间，前面$\frac{1}{2}$的路程和后面$\frac{1}{2}$的路程所用的时间相等，第三个$\frac{1}{4}$路程所用的时间和第四个$\frac{1}{4}$路程所用的时间也相等。根据这些数字，你可以计算出两头驴走完 1 英里所用的时间吗？

079 摆放土豆

为了消遣，某人让自己的儿子把原本放在篮子里的 50 个土豆分别拿出来摆放成一条直线，并且第一个土豆和第二个土豆、第二个土豆和第三个土豆、第三个土豆和第四个土豆、第四个土豆和第五个土豆之间的距离分为 1 码、3 码、5 码、7 码，如此排列下去，两个土豆间的距离总会比之前增加 2 码。之后，这人还要自己的儿子把土豆一个个地捡回篮子里，假如摆放土豆所走的路程忽略不计，那么这个人的孩子捡回土豆要走多远的路程?

注：1 码 =3 英尺

080 车 费

小事情不值得争吵，这一定也是你开始的想法，可是为了能够达成一致意见，相关的两个人还是耗费了不少的时间。经过是这样的，从 A 地到 C 地来回一趟的车费是 3 英镑，可是斯密斯先生走到半路 B 地（刚好 A 地到 C 地的一半）时，捎带了一个朋友汤姆，把他送至 C 地，随后他又返回到 B 地，那么汤姆应当付多少车费?

第五节　数字谜题

在《花和叶》中，德莱顿曾经说过数字 9 的价值。

和 9 有关的谜题被我归结到了一大类中。在我看来，人们应当对它们提起足够的重视和思考。这些题目中的规律，很少有人了解。下面的这个例子是我第一时间能够想到的，我把它介绍给大家。

如果要对 15、163、289、530、763 这些数字是不是平方数进行判断，作为读者你会怎么做呢？我们非常清楚一个以数字 2、3、7、8 作为结尾的数字肯定不是平方数，可是对于上面这些数字，我们不能用上面的这个方法进行判断。对于你在解答这道题目时的无奈和怨气，以及不断求取平方根的过程，我不难想到。

解答这个问题的方法其实很简单，前提是我们时常要对数字的规律做一些研究。

081 找出啤酒

有个人买了几桶白酒和一桶啤酒。如图所示，外面标的全是酒的加仑数。他把这些白酒卖给了两个人，其中一个人的量是另外一个人的 2 倍，那桶啤酒被他留了下来。我们的问题就是请指出哪一桶装的是啤酒，当然这些都是原来桶里的酒，这个人从来没有动过。

注：加仑为容积单位，1 加仑≈ 4.5 升

082 数字排列

图中方格里排列好的 9 个数字有个规律，那就是第一行数的 2 倍是第二行，第一行数的 3 倍是第三行。同样的排列结果还有另外的 3 种。你知道如何排列吗?

1	9	2
3	8	4
5	7	6

083 偶数奇数

偶数 2、4、6、8 的和为 20，可是奇数 1、3、5、7、9 的和居然是 25，请对这两组分别进行重新组合，使组合后的两组数分别相加的和相等。注意：这当中不允许出现复数、假分数和循环小数。

084 储物箱问题

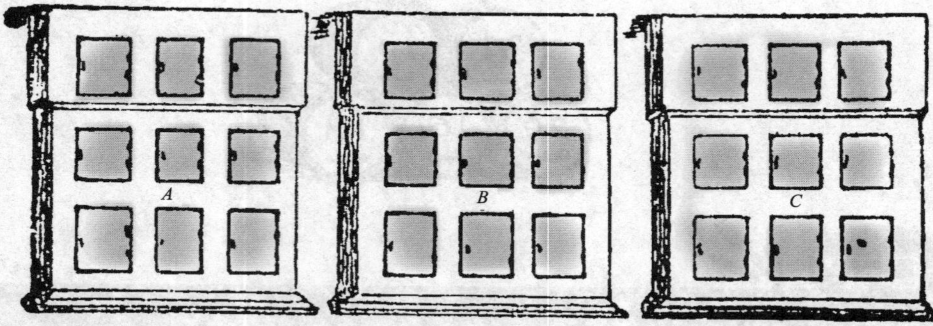

有三个橱柜就放在某人的办公室里，每个柜橱里面有 9 个储物箱。一个员工被要求把这些储物箱都用不同的个位数字编号。当然 0 同样可以使用，在 10 个数字中，这个员工可以选取任意的 9 个数字。

对于储物柜的编号顺序，老板没有做任何特殊的要求。可是他发现员工编写的号码十分混乱，这让他很吃惊，所以，他要求编号的员工把原因解释给他听。这个员工只好把其中的规律告诉了老板，这是个适合所有情况的简单加法，第三行的数字是第一行和第二行的数字之和。最小的和就显示在 *A* 橱柜上，最大的和显示在 *C* 橱柜上，除了这些，三个橱柜上所有 9 个数字的和都是有区别的，这一点非常令人惊讶。在百位没有 0，不存在小数的情况下，他是怎样编号的?

085 三组数字组合

这是根据坎特伯雷难题中的一道题改编出来的谜题：分别有一个两位数、一个三位数、还有一个四位数，它们是由数字 1~9 九个数字组合而成，并且满足这个四位数的就是两位数和三位数的乘积。就像是 5 796 刚好是 12 和 483 的乘积一样。还有另外的一种情况也可以满足这个规律，从 1~9 的九个数字组成的是一个一位数，两个四位数，比如 6 952 刚好是 4 和 1 738 的乘积。你是否能写出满足这两种规律的其他组合？

086 9 枚硬币

我把从 1~9 的九个数字标在了九个硬币上，并且像图中一样摆放在了桌子上。结果就得出了两组乘数，它们的乘积居然相等，都是 3 634。为了得到更大一些的乘积，我们应当如何重新摆放这些数字。怎样才是最佳的组合？当然，一定要满足乘积相等这个条件，还满足有一边是两个两位数、一边是一个三位数和一个两位数。

087 10 枚硬币

除了 1~9 九个数字外，我们这个谜题里还会用到数字 0，和上一题相同，要使排列好的两组数字乘积相等，只是可以用多个数字。另外这两组数字还必须满足下面的条件：把 10 枚硬币都用上，不可以出现分数和小数，另外为保证各组数均有意义，0 不可以放到一组数字的最左边。请问，怎样才能得出最大和最小的乘积呢？

088 数字的乘法

这个谜题同样和除 0 以外的 9 个数字有关。要使它们仅用一次不可重复且所组成的两组数字乘积相等，这样的方法有很多，比如乘积为 4 606 的 658 和 7 329 和 14 两组数字，16 是乘积 4 606 中所有数字的和，这既非最大也非最小的。你能够找到乘积相等，但是其数字之和分别为最大和最小的情况吗？

089 为难的小丑

如图，两个数字中间站立的小丑就像是一个乘号。并且 15 和 93 的乘积 1 395 居然是和乘数完全相同的数字，只是排列顺序不同而已。具有这样的规律的四个数字，你还能找得出来吗？当然你可以在一边放上一个数字、在另外一边放上 3 个数字，假如我们只用了 3 个数字，只有两种情况满足要求，那就是乘积为 153 的 51 和 3，以及乘积为 126 的 21 和 6。

090 被警察记录的数字

有两台行迹可疑的出租车被晚上值班的警察看到了，它们正驶向相反的两个方向。这是个极为细心并且思维敏锐的警察，他决定要把出租车牌照号记录在本子上，可他却找不到铅笔了。就在他低头的时候发现地上刚好有一段粉笔，所以两个号码被他记录在了码头附近的大门上，这真是太幸运了！回到原来的位置时，他对刚写好的两个数字进行了细致的观察，居然除了 0 之外其余 9 个数字都用到了，并且没有重复。可是两个数字被第二天早晨来上班的办事员不经意间清理掉了。结果警察无法再看到写在门上的两个数字了。为了找回两个数字，他特意请教了一些数学家，可没有人能够回答他。算出这两个数字的过程非常有意思的，我们看以下这个谜题，这是众多谜题的一个。

包含所有 1~9 这九个数字的两个数的乘积同样包含 9 个数字，并且尽可能大，当然同样没有 0。

091 奇异的乘法

我们用 9 个数字在不重复的情况下组成 51 249 876 和 3 两个数，两数的乘积为 153 749 628，仍然包含 9 个数字且不重复。如果我们另组成两个数 16 583 742 和 9，它们的乘积 149 253 678，也同样没有重复。接下来，让我们用 6 作为一个乘数，你是否可以写出含其他 8 个数字组成的乘数，使它们的乘积为 9 位数，记住，数字不可重复使用。这个题目真的很难，但我相信你能找到答案。

092 核对号码

在办公大楼里有很多人在其间工作，他们每个人都有一个小圆盘，圆盘上面有代表他们自己的编号。这是被用来检查是否按时上班用的，这些圆盘要在他们进入办公大楼后被挂在一块木板上。一个小头目在把圆盘放入开环上的时候被我看到了，于是一个谜题诞生了。

我要告诉读者朋友的是，不管何种情况下产生了创造谜题的灵感，重要的不在于想法是不是我们创造的，而是我们必须根据实际抓住它，将灵感变成谜题。

如图，10 个号码牌被穿在环上。不准把环打开，把上面的数字分为三组，并且满足第一组数字和第二组数字的乘积刚好是第三组数字。把 6 和 3 移动到 4 的那边之后分出的 2、8 907、15 463 就是个很好的例子，只可惜 2 和 8 907 的乘积和 154 63 并不相等。在每组数的个数你自由分配的情形下，你能找到正确答案吗？找答案可不只是依靠运气，还是有一定的方法的。

093 数字的除法

这个是另外的一类谜题，请使用除了 0 之外的其他 9 个数字分别组成两个数，使其商为指定的数，并且不存在余数。比如 13 458 和 6 729 的商为 2，对于商分别是 3、4、5、6、7、8、9 的情况，不知道读者朋友们是否可以找出适当的组合？你们能找出最小的数吗？，比如商是 2 的情况还有 14 658 和 7 329，但是这比之前的数字大。

094 加 法

让我们把 987 英镑 5 先令 $4\frac{1}{2}$ 便士这个钱数里的所有数字相加，所得的结果是 36，所有的数字都没有重复出现，在这样的情况下 36 是最大的和。在英镑、先令、便士、$\frac{1}{4}$ 便士都出现的情况下，请找出最小的和，当然你可以只使用 9 个数字中的部分，可是一定不能重复使用，并且不可以使用 0。

095 有关 100 的难题

你可以写出数值与 100 相等的、且在 1~9 九个数字不重复使用的情况下组合成的带分数吗？已经去世的法国数学家——爱德·卢卡斯验证过 7 种方法，但他们不能确定还有没有其他方法。其实有 11 种方法。$91\frac{5742}{638}$ 为其中一种表示方法，另外方法里包含 9 种，整数部分是两位数的情况，还有一种情况为整数部分只有一位数，你能把它们写出来？

096 更多的带分数

首次遇到上面的题目时，除了 100，我还曾试图用它来表示别的数。读者可以试着表示下面的 12 个数：13、14、15、16、18、20、27、36、40、69、72、94。不过还是要符合排列的 9 个数字不可以重复使用这个条件。

097 最大最小平方数

数字 1~9 被我们这样安排：9、81、324、576，这四个数字为平方数。可是你能组出含 9 个不重复数字的最大、最小的平方数吗？

098 奇妙的 11

一个 9 位数是用 0~10 这 10 个数字中的任意 9 个组合排列出来的，其中是 11 的整倍数的数中。最大和最小的分别是哪个？例如 11 的整倍数 896 743 012，这当中没有用到 5，可是最大、最小的都不是它。

099 4 个 7

如图所示，有 4 个 5 被莱克布恩教授通过简单的数学符号连接在一起，使得最后的结果刚好是 100，对这种表达的正确性，所有的读者都可以很明显地看出来。如今，他要我们做的是在 4 个 7 之间添加上运算符号，使其结果刚好为 100，假如是 4 个 9，我们可以直接表示，可我们却需要很多的技巧来应对 4 个 7 的情况，对于这些小技巧，你能找到吗?

100 数字 100

把运算符号添加到 1~9 九个数字之间，使其结果刚好为 100，但是数字的顺序不可以打乱。在这种情况下不知道你能否依照下列条件给出相应的结果：第一，使用运算符号最少的情况；第二，被使用的笔画尽可能减少到最少，换句话说，要使用的符号最少，并且要用最为简单的符号。我们把减号“-”看成一笔，把加号“+”和乘号“×”看成两笔，把除号“÷”看成三笔。

101 骰子上的数字

如图所示，有四个上面标有阿拉伯数字的骰子，数字当然是 1~6，四个一起排放的骰子能组成很多不同的数字。图中的 1246 就是由 4 具骰子排放后组成的。假如把所有的四位数加在一起，它们的和是多少？ 6 被倒放后可以看做是 9。我们的生命毕竟有限，把所有数字排列出来之后再求和显然是不太合适，你是否还有其他的方法求和呢？

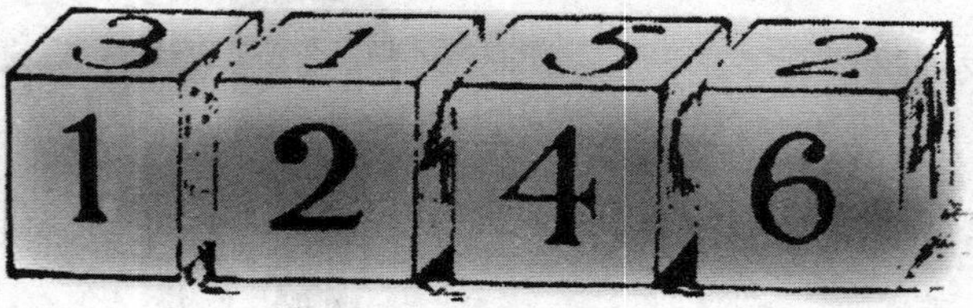

第六节　代数杂题

在《任务》一书中考伯说过："生活因为有了变化作为香料，才变得丰富多彩。"

102 圆桌的直径

为了展示自己的聪明才智，一个小男孩放学回家，马上把一张圆桌推到墙角，使圆桌和两面墙壁紧挨着。他一边用手指着桌子边缘的油迹，一边对爸爸说："爸爸，我有个小小的谜题要告诉你。这个油迹和两面墙的距离分别是9英寸和8英寸，圆桌的直径是多少，假如不经过测量，你可以准确地告诉我吗？"

"我的爸爸完全被这个问题难住了。"这是男孩无意中对小伙伴们说的话，"可是你的爸爸完全可以在一分钟内解答出谜题！"到底哪个说法正确呢？

103 学生的人数

有个十分特别的男女混合学校，这里良好的礼貌习惯被看得非常重要。有个所有学生早晨都要遵守的十分怪异的规定。那就是所有女孩子见到老师、男孩和别的女孩子时，都要鞠躬施礼，同样所有的男孩看到老师、女孩以及别的男孩时也要鞠躬施礼。女孩的人数是男孩的 2 倍。每天早上学校的鞠躬总个数是 900 个。你是否可以告诉我这个学校男孩和女孩分别有多少个吗？想要在计算中不出错，就要十分小心才可以哦。

104 洞口的深度

散步的瑞克布恩教授忽然遇到一个正在挖洞的人。他走过去问道：“早上好！这个洞的深度是多少呀？”

挖洞的人回答：“5 英尺 10 英寸是我的身高，依你看这个洞的深度是多少？”

瑞克布恩接着问：“你的目标深度是多少？”

挖洞人的回答是：“我打算再挖 2 倍于现在的深度就可以了，到时候地面和我头顶的距离将会是现在的 2 倍。”

你是否可以计算出完工后的洞有多深呢？

105 五捆干草

小工霍吉对汤普金斯说："下次把我们手里的五捆干草交给客户时一定要把分量称准了。"霍吉是个喜欢数学谜题的小工，他称的时候总是把这五捆干草每两捆称一次，随后他把这些质量告诉了主人：110 磅、112 磅、113 磅、114 磅、115 磅、116 磅、117 磅、118 磅、120 磅、121 磅。通过这些数字，汤普金斯如何计算出 5 捆干草的质量？哪两捆干草对应的哪个质量这或许是人们比较关心的问题，这其实完全没有必要。5 捆干草的质量分别为多少，你能计算出来吗？

106 格宾斯先生的蜡烛

一直在生意场上辛苦打拼的格宾斯先生如今被一场大雾困绕在了伦敦，能见度很低，实在无法出行。此时他仅有两根蜡烛用来照明了，因为电灯也坏了。两个具有同样长度的蜡烛，燃烧时间不同，一个是 4 小时，一个是 5 小时，这令人不可以思议，但这却是他的员工一再向他保证过的。他们继续工作了一段时间后大雾就慢慢散去了，他把蜡烛吹灭的时候发现，两根剩下的蜡烛相比，一根刚好是另一根的 4 倍。

这位成功的商人是个个性极强的人，晚上回到家后，他发誓：对于白天蜡烛燃烧的时长，他一定要计算出来。可是，这真不是容易事儿。关于蜡烛燃烧的时长，你能帮助他计算出来吗？

107 警察抓小偷

小偷的辩护律师提问说："那么，警官先生，你开始追捕我的当事人时距离他有 27 步的距离，是吗？"

"没错，先生。"

"你 5 步所走的距离一定可以抵得上我当事人的 8 步吗？"

"我敢保证。"

"假如是这样，对于抓到他的解释，作为一个聪明人，你打算如何向我们陈述你追捕我当事人的情形呢？"

"我的步子比较大，大家瞧。其实，我两步的距离完全可以抵得上小偷五步的距离。对于我可以在什么地方抓住他，你完全可以通过计算得出来。"

关于警察要走的步数，首席陪审员过了几分钟就计算了出来。关于他的步数，你是否可以计算出来呢？

108 议会的投票

上一次为了对 9 个职位进行竞争，出现了 23 个候选人。所有选民投票的个数都不能高于 9 人。选民们特别想知道每个人到底有多少种投票方法。

109 马德镇的选举

有 5 473 张选票被投放到了马德镇的议会选举中。选举结果是：保守党、民主党、社会党与自由党的差距分别是 18 票、146 票、575 票。对于所有参选党派的票数，你能根据某个简单的规则计算出来吗？

110 参会的人数

有个非公开的会议正在工会会议室进行着，因为讨论中出现意见不合，导致有些人生气地走出了会议室。主持会议的主席说道："我只是强忍着坐在这里，不然将会有$\frac{2}{3}$的人一同离开，即便是外尔德夫人和克里斯蒂夫人在我们的劝说下愿意留下来，那离开的还是有$\frac{1}{2}$。"对于一开始参会的人数，你能否计算出来呢？

111 妇女求婚的人数

在上个闰年里女士们都使行使了自己的求婚特权。假如我们这些非正常渠道获取来的数据没有任何的错误，那现在的婚姻状况就与下面所描述的相同。

按照每个女人求婚一次计算的话，成为寡妇的女士将会有$\frac{1}{8}$，成为鳏夫的男士将会有$\frac{1}{11}$。$\frac{1}{5}$的妇女向鳏夫求婚时没有通过，但所有的寡妇都找到了自己的伴侣。嫁给单身汉的寡妇达到$\frac{35}{44}$，但被男子回绝的老处女有 1221 人。在被单身汉接受的人数中，老处女是老寡妇的 7 倍。你是否可以计算出求婚妇女的人数，条件就是上面的这些。

112 栗子争夺战

一天晚饭后，5 个兄弟发现了很多的栗子。这样的战利品让人意想不到，但随之而来的栗子争夺战不可避免了。讲述过程中对其中任何一个细节我们都不会漏掉，而且这个题目还很吸引人。

大家瞧瞧，所有栗子的$\frac{1}{5}$在安德鲁的手里，其中的$\frac{3}{8}$和$\frac{1}{10}$分别被鲍勃和查理把控着。而剩下的$\frac{1}{7}$被有心计的埃德拿走了。其余的栗子最终被年轻的大卫拿走了。有意思的事情马上发生了。鲍勃在安德鲁和查理的共同夹击下绊倒在水泥板上，把他已有的$\frac{1}{2}$的栗子散落在地上，散落的栗子被一直在桌子下面躲藏的埃德和大卫拿走了。随后，站到椅子上的鲍勃猛扑向查理，结果查理所有的栗子都散落在地上，其中的$\frac{1}{3}$被鲍勃捡到，$\frac{1}{4}$被安德鲁捡到，$\frac{2}{7}$被大卫捡到了，而剩下的部分被查理和埃德均分了。

大卫在人们正欲平息争夺

的时候忽然将鲍勃和安德鲁得到的栗子的$\frac{3}{4}$抢走了。就这样费了半天劲，最终刚刚丢失的$\frac{5}{8}$进了鲍勃和安德鲁的手里，另外的三个人得到的都是$\frac{1}{5}$，没有差别。争夺停止了，剩余的栗子被他们平均分配了。请问开始的栗子是多少个，每个人分到的比例是多少?

113 为难的僧侣

坎特伯雷的僧侣约克郡（公元 735~804 年）是人们比较熟悉的英国谜题爱好者，千万不要错认为这个僧侣是阿尔昆。有个非常古老而又趣味十足的谜题就收藏在他的谜题集里。“有 100 个人对 100 蒲式耳的玉米进行了这样的分配：妇女和男人分别可以得到 2 蒲式耳和 3 蒲式耳，而 1 蒲式耳要两个孩子共同分。试问，妇女、男人、小孩的数量各是多少人?

假如把妇女为 0 的情况排除掉，正确的答案仍然有 6 种。假如男人的 5 倍是妇女，正确的答案是什么时候呢?

114 玉米地的面积

有一块正方形的玉米地，地里的玉米已经成熟了，因为人手短缺，收割的工作只能由农民和他的儿子共同完成。四周 1 米宽的玉米地里的玉米首先被农民收割完成了。只剩下一个小小的正方形留在地的中央。他告诉自己的儿子：“我的一半已经收割完了，剩下的一半你可以开始收割了。”对于这样的分配方式，儿子有些不高兴。为了对这件事情有个明确的说法，他们把刚好在这里经过的学校校长拦下了。校长对农民的分配方法给予了肯定。玉米地到底有多大，你能计算出来吗?

115 有关遗产的分配

某人有三个儿子：阿尔弗雷德、本杰明和查尔斯。他临死前把 100 英亩土地以$\frac{1}{3}$、$\frac{1}{4}$和$\frac{1}{5}$的比例分配给了上面的三个儿子。但不幸的是查尔斯也去世了。阿尔弗雷德和本杰明如何合理分配这些土地?

116 毁坏的数字

如图所示，一个上面标有 3025 的标签不小心被我扯成了两半，一半上面标有 30，另一半上面标有 25。我不由自主地对这两个数字进行计算，没想到有个小小的规律居然被我发现了。求得 25 和 30 两个数字的和之后再平方，就可以得出和原来相同的四个数字。也就是说 $3\,025=(30+25)^2$。这是不是很奇怪呢？请找出另外有如此规则的 4 个不同的数字。

117 奇特的数字

48 这个数字有个很有趣的特点，把这个数字加上 1 得到的 49（7 的平方）刚好是平方数，而这个数字的$\frac{1}{2}$加上 1 得到的 25 同样是个平方数。有数不清的数字都满足这样的条件，而且有意思的是我们可以找到其中最小的三个数字，请问这三个数分别是多少?

118 错误的印刷

原本在某篇文章里表示 5 的 4 次方和 2 的立方的乘积为 5 000 的一个算式，结果算式前半部分被操作员错误地打印成了 5 423。要使这个错误不至于造成数量上的错误，这样的 4 个数字应当是多少?

119 守财奴的转变

有个守财奴叫做杰斯佩先生，他的思想后来发生了改变，他心中产生了一种强烈的责任感，一定要对受难的朋友实施帮助。他下定决心要把自己所有的财产分发给有需要的人，他在一天晚上进行了细致的计算。

得出的结果是，假如他在 12 个月里每天不停地分发数量相等的英镑，那么最后刚好发完。但是假如只在工作日分发，每周休息一天，也就是在每个星期里分发的钱数是相等的，那么在元旦前还会有 1 英镑的剩余。假如这笔钱是所有数字中最小的，请问是多少英镑?

看似十分简单的一道计算题。除以 12 没有余数，除以 52 余数为 1. 但当着手解决这个题目时，我们会发现有很多谜团包含在里面。

120 土地的实际面积

对于谜题的实用性这一点，我时常将其忽视。可是，通过许多人的来信进行总结分析后，我发现他们总可以通过一些和谜题有关的小原理而收获很多出其不意的东西。就拿奥克斯利先生的来信来说，面对一块土地时，他想用一个办法进行测量。他想用和土地面积数目相等的围栏来把土地围起来。

他要用和土地英亩数相等的横栏来围出一个完美的正方形。每个围栏的横杆数目是 7 根，正方形的边长是 $16\frac{1}{2}$ 英尺，就是两个围栏的长度，里面包含 14 根横杆。请问土地的面积有多大?

121 古老的游戏

掷骰子游戏很多人都喜欢玩，这好像是源于印度一个古老的游戏。一帮人守着三个骰子轮流掷，赢家的标志就是掷出来的点数为 7 或者是 11，他们有多大的概率赢得这个游戏?

122 分布在圆周上的平方数

如图，把十个不同的数分别放入圆周上的十个正方形里，使得相邻两条直径的相邻两端数的平方和相等。以图中的四个数为例。260 是 16 和 2 的平方和。8 和 14 的平方和同样是 260。依照这样的规律，B、C 的平方和与 G、H 的平方和应当相等。A、K 的平方和与 F、E 的平方和相等，以此类推。在满足不出现分数、并且所有的数都要小于三位数的情况下，其余的 6 个数分别是多少?

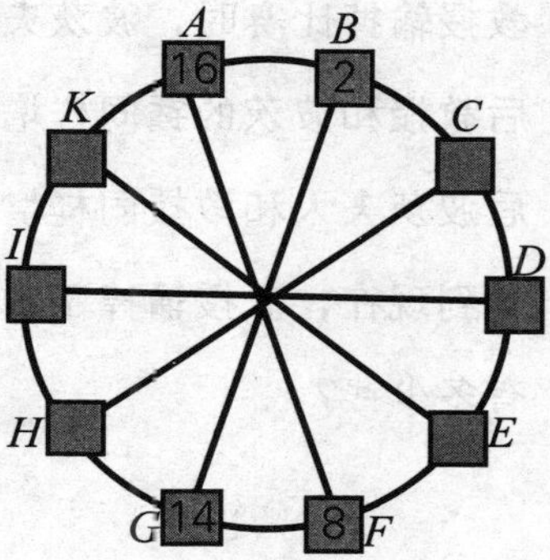

123 奶牛生意

一个叫做琼斯的农夫卖了两头奶牛，得到 210 美元。这两头奶牛一头盈利一头亏损，但都是 10%。可是总的来说他是盈利了 5%，请问两头奶牛的成本是多少钱?

124 莱克布恩的本钱

莱克布恩教授和自己的老朋友波茨夫妇玩了一晚上纸牌游戏。第一局教授输掉比赛时，波茨夫妇钱增加了 1 倍。第二局时，波茨夫人输掉比赛后教授和波茨的钱同样增加了 1 倍。想不到的是第三局，波茨输掉了比赛后波茨夫人和教授同样增加了 1 倍的钱。此时三人的钱居然同样多，从开始到现在，教授输掉了 5 先令。此刻你是否可以说出，教授在游戏开始前有多少钱?

125 贷款买房

因为现金不太充足，所以帕特用贷款的方式购买了一处房产。

1 000 美元的首付，之后连同房产的费用和利息等每年还要支付 1 000 美元，连续支付 5 年。5% 是约定的年利息。房价具体是多少?

126 绵羊的数量

龙膜有天才般的计算才能，人们在他所在的教区都用“农民数学家”来称呼这个农夫。对这样的情况，新来的教区牧师并不了解。有一天，他和这位农民数学家在一个小巷里相遇了。牧师问他：“你的绵羊数量是多少？”听到的回答令牧师吃惊不已：“我的绵羊数量可以任意分为两个部分，并且两部分的差与两部分的平方差相等。至于具体是多少，那你就要自己计算了？”

读者朋友们能计算出绵羊的数量吗？如果答案是 20 只，在我们分成 12 和 8 两个部分后，12−8 显然不等于 12^2-8^2。要想知道农夫绵羊的数量，就一定要找到符合题意的数。

127 抛硬币的输赢

一个赌瘾较大的赌徒——克鲁克斯正在和一位朋友进行抛硬币的赌博。假如硬币是正面，那就表示克鲁克斯赢了；假如是反面那就表示他输了，赌的钱数就是克鲁克斯口袋里钱数的$\frac{1}{2}$。这个$\frac{1}{2}$不会改变，在进行了许多次的比赛之后，克鲁克斯赢和输的次数相等。你是否可以知道，他最后是赢了还是输了？

128 花生的个数

玛丽夫人正在把自己带来的花生分给四个孩子。首先是最大的男孩，他分到了一个花生和剩余的$\frac{1}{4}$；第二个女孩同样得到了一个花生和其余的$\frac{1}{4}$。对于第三个男孩和第四个女孩，玛丽夫人的分配方法一样。而两个男孩分到的花生数量比两个女孩分到的花生数量多 100 个。请问，玛丽夫人剩下的花生是多少?

129 小男孩的重量

创造总是应需求产生。有一天我忽然发现，有个实在想玩跷跷板的小男孩因为没有找到伙伴，就把一些砖头放到了跷跷板的一端平衡自己的体重。

假如把砖头放到跷跷板短的一端，达到平衡需要 16 块砖头，假如放到长的一端要 11 块砖头。

如果$\frac{1}{8}$块砖的质量加上 $2\frac{5}{8}$ 斤之和就是一块砖的质量，那么小男孩的身体有多重?

130 年金的数量

琼斯的三个女儿每年都可以依据自己的年龄分配到一定数额的年金，这是琼斯为她们设置的年金。年金的$\frac{1}{2}$在第一年被年龄最大的女儿菲比拿走了。玛丽在第六次分配时和第一年相比减少了1美元。而菲比减少的数量是2.5美元。塔罗的年金则增长了1倍。你是否能计算出琼斯为女儿们设置了多少美元的年金?

131 财产的分配

下面这件事情是一位做律师的朋友告诉我的。他的一位客户在即将离开人世的时候，刚好他的孩子就要出生。他的遗嘱是这样的：假如妻子生的是个儿子，那么$\frac{2}{3}$的财产留给儿子，$\frac{1}{3}$的财产留给妻子。假如生的是女孩，妻子就会得到$\frac{2}{3}$的财产，而女儿得到的是全部财产的$\frac{1}{3}$。可是他的妻子生的是一对龙凤胎。这时一道有趣的谜题呈现在我们面前，请问该怎样按照客户的遗愿来合理的分配这些财产呢?

132 认清楚自己的妹妹

一共有 32 个苹果，8 个小朋友打算如此来分配它们：1 个苹果归安妮，2 个苹果归玛丽，3 个苹果归简，4 个苹果归凯特，史密斯妹妹的苹果数量和他的相同，布朗妹妹的 2 倍就是布朗的苹果数量，琼斯妹妹的 3 倍是琼斯的苹果数量，鲁滨逊妹妹的 4 倍是鲁滨逊的苹果数量。请问史密斯、布朗、琼斯、鲁滨逊的妹妹分别是哪一位？

133 奇怪的定义

两个地主正在聊天，其中一个对另一个说：“我的土地刚好是个正方形，边长为 1 英里。”

而另一个说：“真奇怪，我的是 1 英里^{2}。”

“两块土地不是一样的吗？”

最后一句说的真的没错吗？

134 股份分配

有家老商行是琼斯和布朗共同投资兴办的，琼斯投资的 1.5 倍刚好等于布朗的投资，随后，鲁滨逊付出了 2 500 美元后，被吸收成了新股东。对鲁滨逊的投资进行分配后，3 人所占的股份相等。对于这 2 500 美元，琼斯和布朗应当如何分配?

135 罢工花费

一次大罢工时，有 7 个煤矿工人商定一同去海边度假。除了奢侈的比尔，其余 6 个人的花费都是 0.5 英镑，比尔一个人的花费要比所有人的平均花费多 3 先令。请问比尔的旅游花了多少钱?

136 看似简便的乘法

把标有 1、2、4、5、7、8 的六张卡片在桌子上按照 1、4、2、8、5、7 的顺序排列好。

把这个数中的 1 移动到最后一位后所得的数刚好是原来数和 3 的乘积——428 571，当原来的数以 3 开头时，把原来数的第一个数字移动到最后一位后，得出的新数刚好是原来的数的 3 倍除以 2 后得到的结果，请问原来的数是多少？

137 除法问题

人们有的时候会被初级计算中十分简单的问题迷惑。比如用一个尽可能大的数去除 1059、701、2312、1417 这四个数，使得出的余数相同。当然经过很多实验计算后，我们一定可以找到需要的答案，但我们还可以用一种特别简单的方法求出答案，你能猜出这个简单的方法吗？

138 小鸡和牲畜的交换

带着小鸡去赶集的约翰夫妻俩打算用小鸡换一些牲畜回家。1 匹马和 1 头奶牛可以交换 85 只小鸡，12 头奶牛可以交换 5 匹马，这是集上的普遍行情。

妻子对丈夫说："假如我们可以多选中 1 倍的马匹，我们今年冬季的牲

畜就可以达到17头了。”丈夫有不同的看法：“在我看来，更能给我们带来盈利的是奶牛，当我们奶牛的数量增加1倍时，我们的牲畜就可以达到19头，而这些牲畜的数量刚好满足我们的小鸡交换数量。”

这两位农村的夫妻并不了解多少数学知识，但他们对于自己的小鸡和马匹以及奶牛的交换情况却十分熟悉。

读者朋友们是否了解这夫妻两人各自的计算过程呢？

139 正方形的面积

有三块大小不同的正方形木板，其中第一块和第二块，第二块和第三块的面积差都是平方5英尺，木板的边长是多少？假如这个问题解决了，请试着找出其他三块，使他们的面积差同时为7或者13。

140 小鸡的数量

“亲爱的，我们的鸡饲料在目前减少75只小鸡的情况下可多用20天。假如增加100只小鸡的情况下，就会比原来少用15天，到底是按照你的意思继续买进呢还是按照我说的卖出一些呢？”琼斯对妻子玛利亚说。

妻子问琼斯：“亲爱的，我们的小鸡数量到底是多少呀？”

对于夫妻两人说的小鸡的数量，你能计算出来吗？

141 黑斯廷斯战役

有一场使人永远铭记的战争就发生在1066年的10月14日。有关这场战争的很多难解之谜和不确定因素引起了很多历史学者的兴趣。

我是根据一位道士编年史里的一篇文章想到这个谜题的。

我无从证实这些文件的真实性，但是喜爱数学的朋友们可以由此打开通向谜题世界的大门。谜题的内容是：

男人们在哈罗德的带领下站成了整齐的61个方队，所有方队的人数相等，在哈罗德归队后，总人数刚好是个平方数。

哈罗德归队前，一个平方数的 61 倍就为总人数，在其归队后总人数仍然是个较大的平方数。这些方队共计有多少人？

为了便于人们对这个简单的谜题进行理解，我们以距离 61 最近的 60 和 62 来说明最小值的情况。根据题意可以得出 $60\times4^2+1=31^2$，$62\times8^2+1=63^2$。用语言可表达为：960 名男子一共组成了 60 个 16 人每组的方队，当哈罗德加入后，961 人刚好形成每条边有 31 名男子的方队。请依照根据我推导数字 62 的过程，对和 61 相关的最小数进行推导。

142 雕刻底座

一位上了岁数的雕刻家受人所托正在雕刻两个雕像，这里有两个专门用来放置雕像的立方体底座，这是我们谜题的重点。如图所示，方体的大小有区别。具体边长或体积哪个才是核算账目的重点，这成了最后争论的焦点。但是令人不解的是无论是线性测量还是体积测量，最后得到的结果居然相同，所以，在刚开始测量时，这个争论就得到了解决。这两个底座的尺寸到底是多少？给出的值要尽量小。

143 吝啬鬼

有个十分喜欢谜题的吝啬鬼，他曾经住在西班牙的新卡斯提尔，他的名字叫做唐·罗德里格斯。为了给自己寻找乐趣，他时常以自己积累的财富设制条件，用不同的方式列出谜题。他的谜题遗留下来的极少，令人惋惜。我能够发现他的谜题，起因就是我要寻找有关“西班牙洋葱直接导致了国家的衰败”的材料。我们来看谜题，这是有关肖像旁边三个箱子的个谜题。

有三个装有不同达布伦数目的钱箱子，其中最上面的和中间的差等于中间的和最下面的差。随意取两个箱子，他们装的钱数的总和能构成一个平方数。请推断箱子中的钱数最少是多少?

144 9个藏宝箱

这个谜题是我在朋友罗德里格斯那里听到的，他是个特别奇怪的吝啬鬼。他在1879年的新年夜拿出了9个藏宝箱给我看。之后告诉我说其中箱

子 AB，BC，DE，EF，GH，HI 之间的金币差额相等，并且所有箱子的金币数量都是个平方数，最后要我猜一下每个箱子里装的金币数量。开始我以为这个答案有数不清的组合，所以这样的结果根本不存在。但是后来我发现所有箱子的金币数量都是递增的，另外 D、E 应当比 C 小，同样 G、H 应当比 F 小。12 个金币是 A 箱子中的最大数量，并且 6 不可能满足条件。根据这些条件，我终于得出了正确的答案。

首先我要找到三组等差的平方数一组 A，B，C；另一组 D，E，F；还有一组是 G，H，I，各组之内的差相等，并且 12 是 A 的最大值。请问 9 个箱子的金币数量各是多少？

145 抢劫金币的数量

在一次抢劫中，A，B，C，D，E 这五个强盗一共抢劫到了 200 个金币。其中某个人在看到抢劫后的结果说：“同样是这 200 个金币，它还可以由 A 抢劫数量的 12 倍、B 抢劫数量的 3 倍，C 抢劫数量的 1 倍，D 抢劫数量的 $\frac{1}{2}$，E 抢劫数量的 $\frac{1}{3}$ 组成。A，B，C，D，E 五个人的金币数量到底是多少？

正确的结果不止一组，比如下面就是一组，从 A 到 E 分别是 6、12、17、120、45。

那么，一共有多少符合要求的答案呢？我们应当牢记所有人的钱数不可以是 0，也不可以是分数。去世于 1559 年的塔尔塔利亚也给出过一个类似的谜题，并且他自豪地说自己已经掌握了一个正确答案。让人吃惊的是法国数学家 MA Labosne 在自己的著作中居然说有 6 639 种方法可以解答这个谜题。请问符合题意的结果到底有多少种呢？

146 石匠的困惑

曾经有些大小相等的立方体砖块被石匠放在了院子里。石匠的做事方法总是令人不解，比如把砖块堆成数量不等的立方体就让人很难解。地上的砖块以 1 为开端并且逐渐增大排列的过程中竟然都分别形成了完美的平方数，对于他发现的这一点，其实数学家早就知道了。读者们可以很轻松的看出来，1，1+8=9，1+8+27=36，1+8+27+64=100 这些其实都是平方数。由此得出结论，所有从 1 开始的连续数的立方和都是一个平方数。

某天，一位绅士走进石匠的院子，他来购买砖块，他要求拿走连续的砖堆，数量一定要在 3 堆以上，他要拿到平方数，那块单独一块的有些缺陷的砖块他不打算要，石匠可以卖出的最小数量的砖块是多少？

147 参军人数

此次参加苏丹军队的人数可以用两个平方数的和表示，并且有 12 种表示方法。最少的军队人数是多少？我在这里详细介绍一下，以便刚刚接触到的人可以弄清题意。假如 130 人就是总人数，在所有人都用到的情况下，满足条件的两组平方数为 81 和 49，121 和 9 这两组。

148 三角数问题

某些数被我们作为硬币的数目放到桌子上之后，会形成一个三角形，我们就称它们为三角数。1 既是一个平方数又是一个立方数，它还一直是一个三角数。在桌子上放上一个硬币就是一个三角数。之后把另外两个硬币放到它的上面，这就是一个三角形了，所以 3 是个三角数。接着再把 3 个硬币放到它们的上面，这个三角形就是由 6 个硬币组成的了，所以 6 同样是个三角数。更大的三角数还可以通过放置更多的硬币获得。

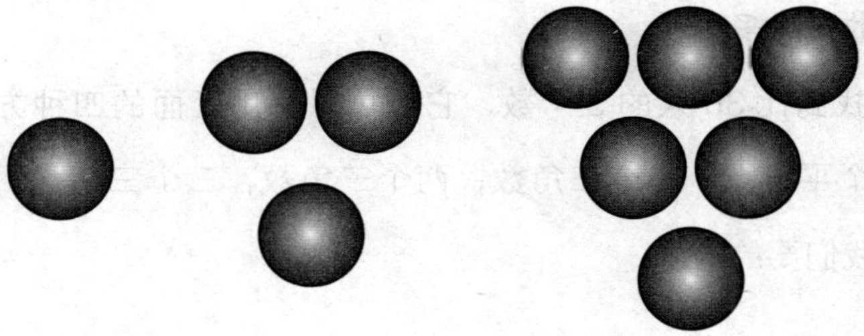

所有的数加上自己的平方和的二分之一一直是三角数。比如 3，它是 $(2+2^2)\times\frac{1}{2}$；6 是 $(3+3^2)\times\frac{1}{2}$；10 是 $(4+4^2)\times\frac{1}{2}$；15 是 $(5+5^2)\times\frac{1}{2}$，如此推理得出：只有用 $(8+8^2)\times\frac{1}{2}=36$ 个硬币组成的三角形每条边的硬币数量才可能是 8 个。这个小规律适用于所有的数。在我们对其进一步深入研究之前，首先回想一下石匠困惑的谜题，这道由 1 开始的连续砖块堆之和总为平方数的谜题组成的数列为 1^2，3^2，6^2，10^2，…，其实这些数都是三角数，这才是这个谜题的关键所在，所有的整数哪怕不是三角数，也会是三角数的和。也就是我们用 1 个、2 个或 3 个三角数就可以把所有的整数表示出来。1 只能被分为 1 个三角数，这是十分明显的事情。还有一些数比如 2、4、11，…只能用两个三角数表示，再有比如5、8、14，…这些数只能用3个三角数表示。

勤俭持家的桑迪是阿帕丁郡人，他妻子同样勤俭节约，这都是他训练的结果。他的妻子去年元旦节前被告知，假如她存了足够多的英镑，可以在桌子上排放出一个正方形，或者1至3个等边三角形，摆放出后她将会获得5英镑的奖励。妻子很快就得到了一份奖励，她当时拿出的金币数量是36个。使用这些金币组成的正方形边长为6，组成的一个等边三角形的边长为8、两个等边三角形的边长分别为5和6，三个正三角形的边长分别为3、5、5。结果妻子真的得到了桑迪的奖励。

在接下来的5年里，妻子每年都会得到一份礼物，前提是金币的数量要每年递增，同时满足上面的四种形式，请问，在第六个奖励尚未得到之前，妻子的金币数量是多少?

你只要找到比36大的5个数，它们可以利用上面的四种方式表示，必须能得出一个平方数、一个三角数，两个三角数，三个三角数。其中最大的那一个就是我们要的结果。

149 艰难的炮兵

炮兵们按照团长的命令把所有的炮弹都摆成了正四棱锥形状。可是团长随后命令说所有的棱锥形炮弹堆垒都必须是平方数。因此谜题出现了。一名少校回答说："这根本办不到。就拿这个底层是16，往上依次为9、4、1的棱锥

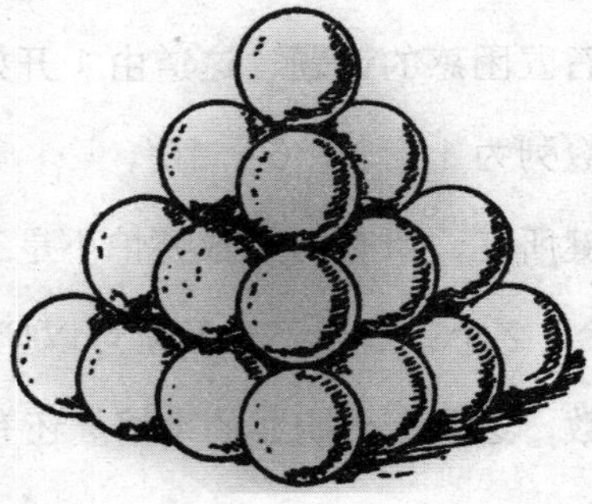

形堆垒来说吧，它们的和是 30，要使其成为平方数还要减少 5 个或者加上 6 个。”但团长的命令没有改变。一旁的中尉却回答得十分干脆：“一定照办”。他是个数学天才，他认为只用一个炮弹就可以了。团长大声回答：“不可能，棱锥体不能用一个炮弹摆出来！”你觉得炮兵们能完成这个任务吗？

150 荷兰人的妻子

我不知道有多少读者听说过荷兰人的妻子的谜题。该题要求他们找出自己妻子的名字。该谜题在 30 前流传很广，我最近发现的新东西就出现在 1739~1740 年的杂志里。这个事例经常被 170 年前提倡性别平等观念的人们引用到。现在，你知道能解答这个谜题的有多少人吗？我相信，与 30 年前相比，我们的妈妈、老婆，姐妹、女儿、婶子等人给出正确答案的几率更高。

亨利、贝恩、科尼是三个荷兰人，而格鲁塔、凯特路和安娜分别是他们三个人的妻子。他们六个一起去买猪。所有人购买的猪的头数都和自己花费的先令数相等。丈夫的花费的平方数比自己的妻子花费的平方数多 3 几尼（1 几尼合 21 先令）。亨利所买的猪比凯特路的多 23 头，贝恩购买的猪比格鲁塔多 11。请问，这三对夫妻分别是哪三对？

151 对艾达姓氏的寻找

这个与上面的谜题十分相似，在别的情况下这个谜题的答案同样适用。因为这个谜题没有标准解答，所以悉尼晚报的《智力风暴》栏目拒绝发表这个谜题。

在一家商店里，有五对母女正在买布，10 个人购买到的布的尺寸和她们分别支付的钱数相等，8 先令 5.25 便士是每个母亲比女儿多支付的钱数。孙夫人比伊万斯夫人多支付 6 先令，伊万斯夫人的支出是琼斯夫人的$\frac{1}{4}$。花费最高的是史密斯夫人。女孩贝西购买的布比布朗夫人的少 21 码。玛丽比安妮的少 16 码，安妮花费的钱数比艾米丽多 3 英镑 8 便士，艾达是另外的一个女孩的名字，请回答出她的姓氏?

152 周六的购物

四对结婚不久的夫妻上周六晚上到自己的村庄购物。由于他们只有 40 先令的硬币，所以他们不可以浪费。最后安、玛丽、简、凯特分别花费的先令数为 1、2、3、4。和妻子们比起来，四个丈夫比较奢侈，和妻子的花费同样多的是内德，与妻子花费的 2 倍同样多的是汤姆，与妻子花费的 3 倍同样多的是比尔，与妻子花费的 4 倍同样多的是杰克。有人在回家的路上提出平分剩余的硬币，结果真的得到了大家的认可。请问题中四个妻子的全名分别是什么?

第二章

和几何有关的谜题

“几何学的入门不特别难，但是难度增加的速度非常快，这是其他学科没法比的。”这是奥古斯·都·摩根说过的话。对于这种说法的正确性，读者可以通过认真研究下面的谜题得出结论。

人类迷恋几何并从中取得快乐的历史非常悠久。几何在一定基础上对人类的眼睛和大脑都有刺激作用，我想这是根本原因。数学家因为一个代数方程或者定理而高兴不已，这种高兴只能建立在智力上。可是有关切割和折叠等几何谜题会带给人们无穷的美感。这种美感无处不在，比如下面几个希腊十字架的切割谜题。我们一直不断探索自然界的规律和准则，这是因为它们无穷的魅力所在。面对这些，毫无几何知识的人也会不停地赞叹：“太完美了！”展现规律和准则的所有题目中，切割谜题吸引了很多人，所以，我们把它们归为一类。

切割谜题

《罗密欧与朱丽叶》的第三幕第二场中有这样一句话："被带走的他可以分散出数不清的小星星。"

切割和折叠类的谜题在所有谜题中历史最悠久。在基督纪元之前的数千年中国就已经出现了这类谜题。它们对人们的吸引力一直都没有减弱过。有些学者的研究可以证实：这些谜题被古代中国的哲学家们作为一种启蒙方法，用以传授几何学原理。且不讨论其正确与否，很多谜题是以几何规则为基础。刚刚接触的人千万不要被我的言论吓到，这些谜题的答案通过周密细致的实验可以得出来，我也会把得出答案的原因告诉大家。

把一个图形变换成另一个图形的方法就是通过切割和重组，寻找切割和重组，方法是最重要的，其次是对最少的分割次数进行分析。这是由于许多相对较难的谜题在不受分割次数限制的情况下会变得十分简单。有一篇把正三角形分为 4 部分后组合成正方形的文章刊登在 1902 年的《新闻周刊》上。如果要求分成 5 部分之后再组合，所有的几何学家都可以做到，可现在要求是分成 4 部分。几何学的解答必须做到精确，哪怕是百分之九十九的接近也不可以，不精准就不要说答案正确。我们提到的这些中，难免有些是不正确的，大家一定要分清它们

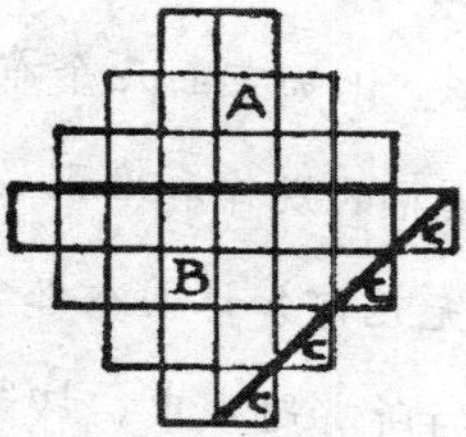

图 1

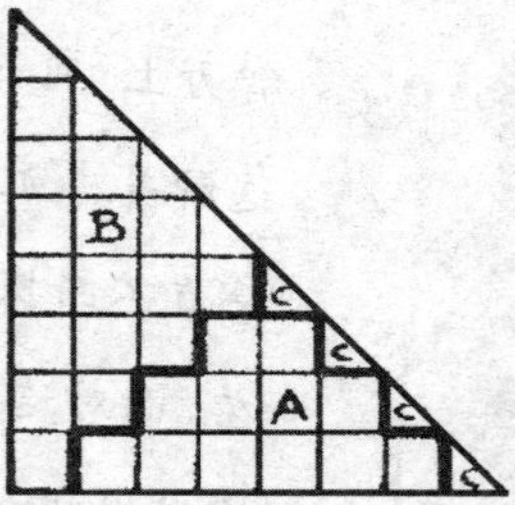

图 2

的性质。直线连接和翻转是切割谜题中的两大类题目，它们时常出现，可是

某些书中的解答并不正确。

比如上页中: 图1被分成了3部分之后重新组成了图2的等腰直角三角形。图中还给出了解答方法。用一条直线连接在一起的四个标有c的部分被看成一个整体。可是这样的说法有很多人反对，这其实是4个部分，不符合题目分成3部分的要求。所以解答错误。

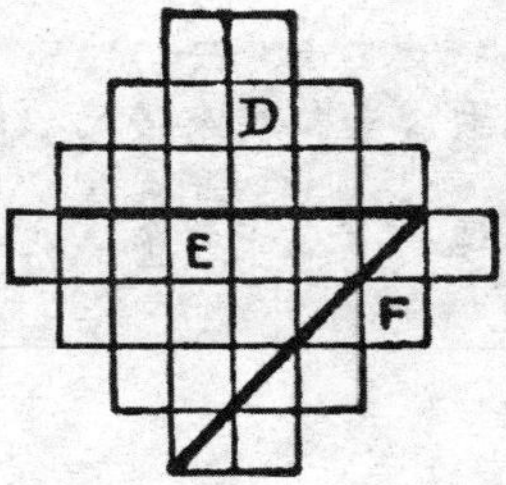

图3

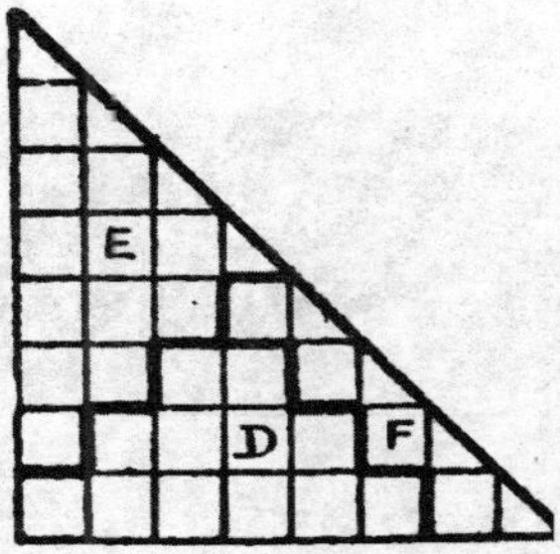

图4

上面的错误在图3、图4中就不存在了。这符合题目的要求，分成了三个部分。可是另一个问题又出现了。在重新组合的过程中，我们必须把F部分翻转过来使用，换句话说，要对另一面进行使用。这样的翻转对纸板和木板没有影响，可对图案、纹饰或者纺织品来说就不太一样了。但在题目没有要求不可翻转的情况下，我们大都假定可以翻转。为了增加题目的难度，我们把“不可翻转”的条件添加进去是常有的事。

我们首先来了解一下有关希腊十字架这个正方形的谜题，随后再研究切割的谜题。你会发现很多奇妙的转换蕴含其中。读者不用翻阅后面的书本就可以找到答案，我们希望以此吸引刚刚接触这方面谜题的读者朋友们。

第一节　希腊十字架趣题

> 斯宾塞曾说过："用欺骗和隐瞒来侵扰你的心灵。"
>
> 朱丽叶·凯撒也曾说过："在我看来，这才是真正的希腊。"

十字架通常被人们看做基督教徒的象征。这其实不正确。它的历史非常久远。十字架曾被古埃及人当做神圣象征，十字架蛋糕更出现在希腊的各种雕刻物品上。像这样的蛋糕，我们在赫库兰尼姆就曾发现过两块。十字架和球是埃及图像上频繁出现的东西，十字架多为圆形和T形的。圆形的寓意是永远拥有世界，T形的寓意是智慧的意思，它是埃及神话的月亮神透特——*tau* 的第一个字母。基督教把T形十字架尊称为圣·安东尼十字架，它象征着埃克塞特主教的宫殿。而具有四个一样大小的分支十字架是希腊最为普通的十字架。男性和女性在古老的神学者那里精神永恒。

如图所示，5个相等的正方形组合在一起构成了希腊十字架。现在，我要把

图 5

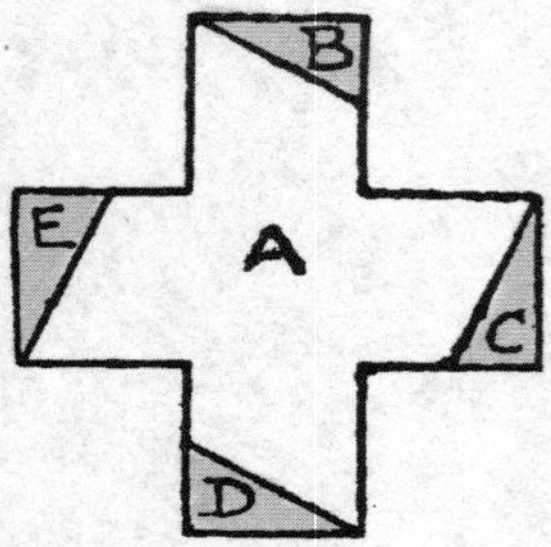

图 6

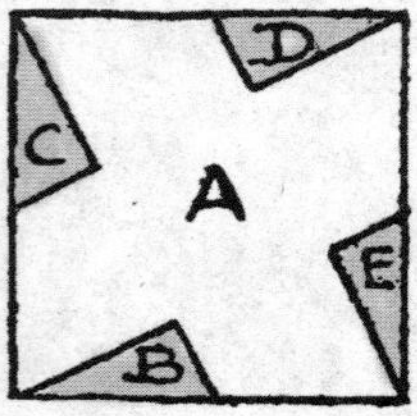

图 7

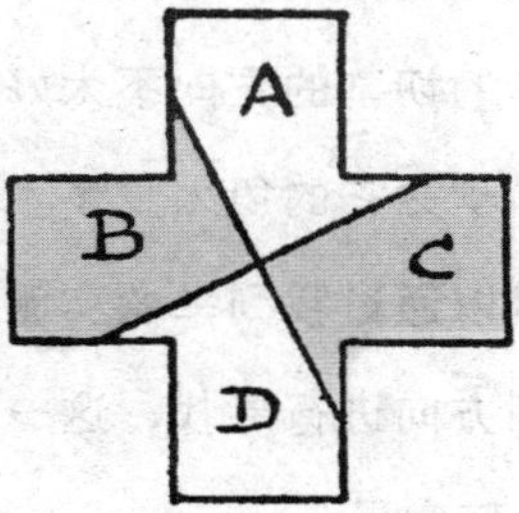

图 8

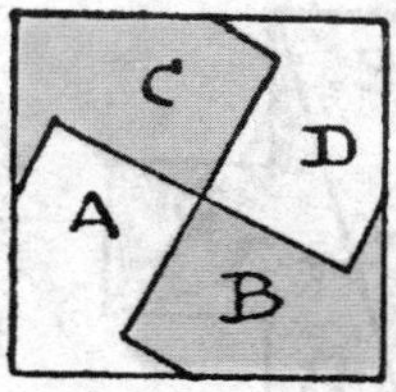

图 9

在印度流传了 3000 多年的谜题告诉大家。我是在哈佛大学的印章上发现它的，很多古老的著作上都有关它的记载，它是一种数学科学和精确态度的象征。题目大意为：如何把一个十字架分割成 5 部分之后组合成正方形。解题方法在图 6 和图 7 中已经给出来了。可是在把图 6 分成 4 部分后同样可以组合成正方形，这是 19 世纪才得出的结论。但怎样才能使四个部分大小形状都相同呢？解答请参照图 8 和图 9。

在乐・普隆基教授和别的好多人的研究基础上，史密森学会的威尔逊教授对特别古怪的图 9 进行了深入详细的研究。人类历史上记录最早的标志是“祝你好运”的万字符。有关这个十字架的说明，威尔逊教授在自己的著作中给出了 400 多种。对万字符和希腊十字架两者的相似之处大家很容易发现。如果十字架是用纸做的，而且它的四个部分是用两刀分割出来的，那么解答方法就是图 10 和图 11。ab 是第一次切割的方向。我们的折叠过程是不能在第一次切割后实行的。其实我们有很多方法把十字架分为四个部分后再在组合成正方形。

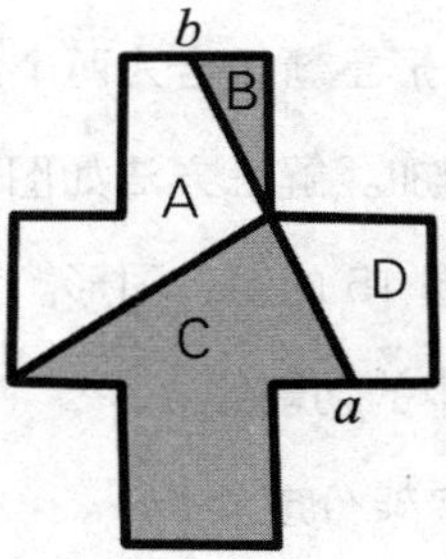

图 10

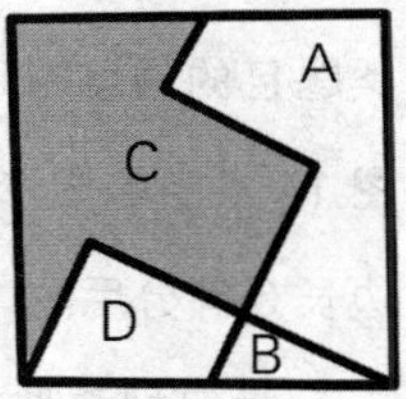

图 11

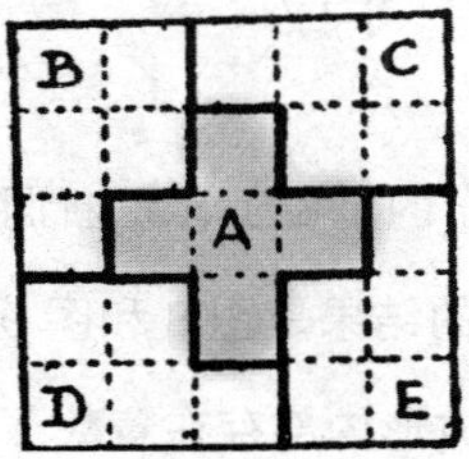

图 12

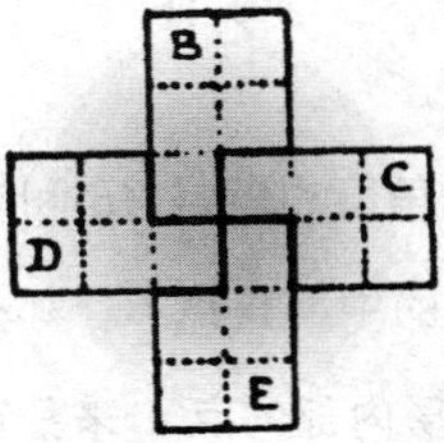

图 13

怎样把一个分割成几部分的正方形构成一个十字架量个逆拟题，这样的逆拟题时常存在于上面类型的谜题里，这

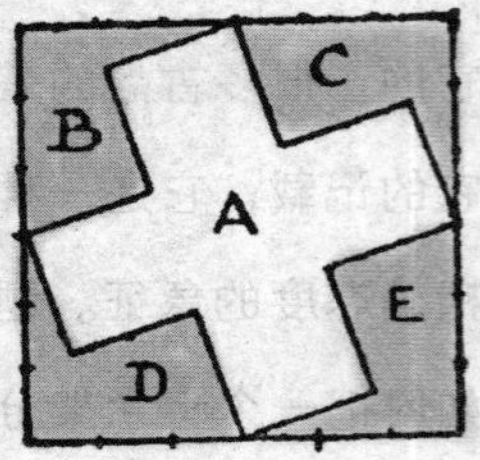

图 14

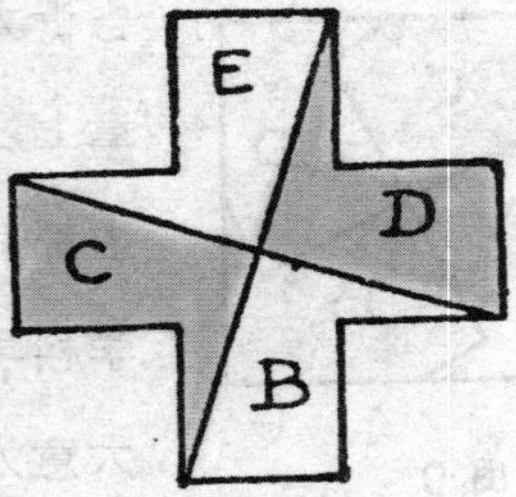

图 15

一点容易体会。这类题中正方形的切割的方向不太好掌握，毕竟它的角太少了。读者可以通过我列举的实例对切割方向进行寻找，这一过程比较容易。

怎样把一个正方形分成5份，然后重新组合为两个大小不同的十字架。这个谜题其实一点也不难。这个正方形首先被我们分成了25个小正方形，如图12所示，切割的方向如图。得出的两个十字架分别是图12中的小十字架 A，以及图13中被 B，C，D，E 四部分组成的大十字架。

如何把一个正方形重新组合为两个大小相等的十字架，要求只分成5份。该类题目的难度有所增加。解答方法如图14、15所示。得出的两个十字架分别是图14当中的图形与图15的组合图形。我们很容易看出切割的方向，以及正方形边长6等分后图14中的切割线。

为何把希腊十字架分成4份后能组合成正方形呢，我们来解释一下：把一个十字架画成图16的样子，之后把图17中的正方形画在一张透明的纸上，AB 和 CD 的长度相同，这一点一定要注意。

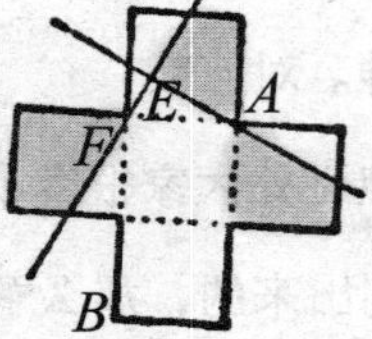

图 16

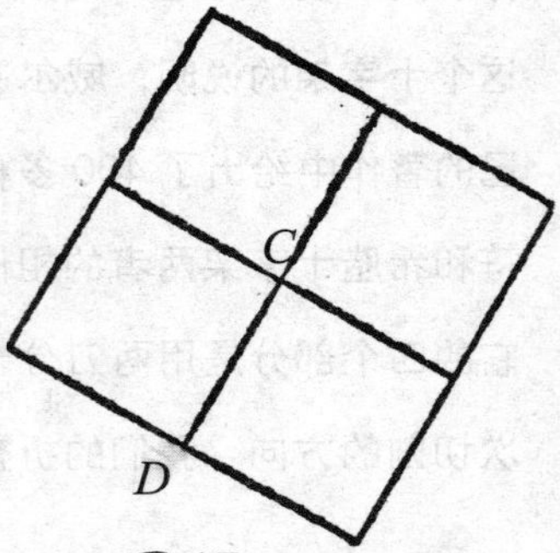

图 17

在十字架的上面盖上一张透明的纸，保证十字架和正方形在同一角度也就是 AB 和 CD 平行的基础上，不断调整这张透明纸的位置。假如正方形的中心是点 C，那么得出的结果是图8和图9。无数的解答都可以通过移动正方形内部的点 C 来获得。正方形内部存在着数不清的点，这就是问题的关键。在点E的位置，我们同样可以放置点 C，但就没有解答了，因为它穿过了 AF 这条边。这是个具有实际指导意义的证明。

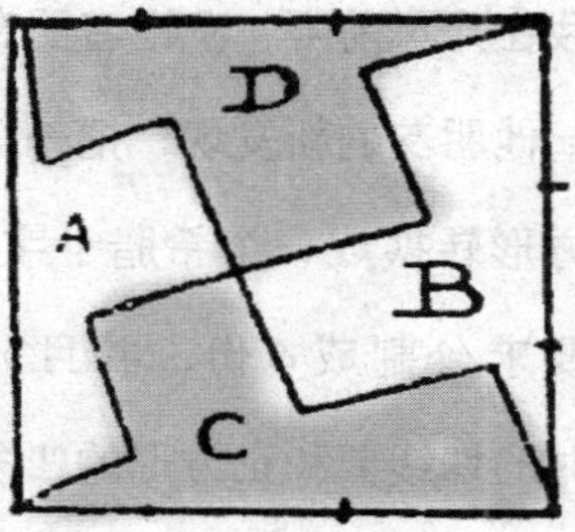

图 18

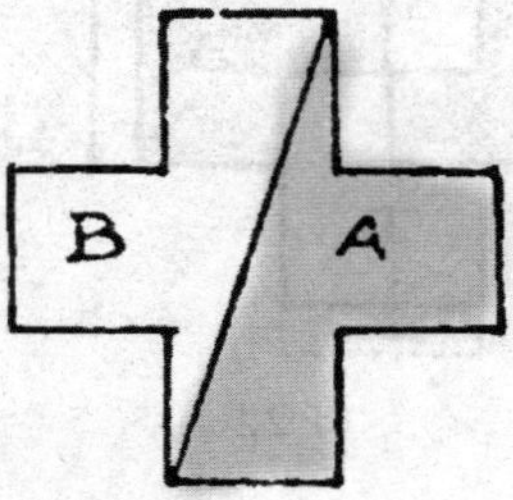

图 19

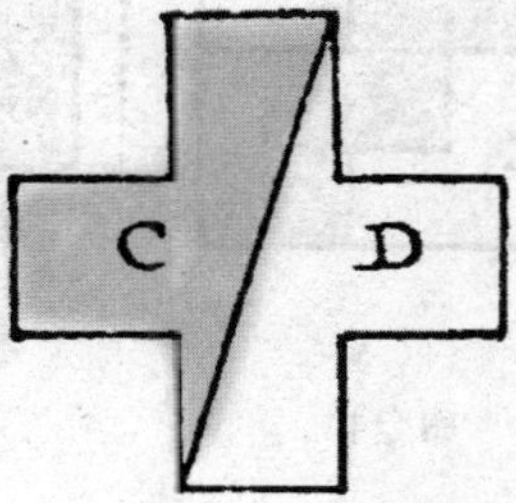

图 20

图 16 中 AB 的距离总是和十字架转换来的正方形边长相等，这些可以通过对不同谜题的解答分析得出来。接下来，我们将进一步说明这一点。

现在我们深入讨论一下。使分割部分尽可能少才能得出切割类谜题的最佳解答，这一点我们前面已经说过了。是不是可以分成更少的部分呢？已经获得解答的读者朋友总会为自己提出这样的疑问，这才是真正的谜题爱好者不断追求的，我们面对难题的正确态度也应当如此。4 部分最少，这是这个问题的正确答案。如此一来新的谜题又出现了，如何把一个正方形重新组合成两个大小相等的希腊十字架，要求只能分割成四份。

针对这一问题，图 18 给出了十分完美的解答，正方形的边被 3 等分，分割时要严格按照这些线段进行操作，图 19 中的十字架由 A、B 两部分组成，图 20 中的十字架由 C、D 两部分组成。万字符的另一种形式就出现在这个正方形里。

亲爱的读者们，此刻你们不怀疑我说过的话了吧？和把十字架转化为正方形相比，把正方形转化为十字架更为不易。与图 14 和图 18 中的方向相比，图 6、图 8、图 10 中的要明得多。如果要用两个相同的十字架组成一个正方形，每个十字架只允许分成两份，应如何分？这相当于图 19 与图 20 的逆命题，这显然要比原命题容易很多倍。

对于先前提到的不正确答案，我们这里也有一个例子。我在几年前听一个记者朋友说起他朋友的新发现，把一个正方形转换成一个希腊十字架，要求分割成4份，并且分割时的切线要和正方形的四条边平行。如图21和图22所示，组合后的十字架手臂是个长方形而不是正方形，所以它们不是标准的希腊十字架图形。只有把图中的虚线部分添加上，才是标准的希腊十字架。原来只是十字架，并非题目要求的标准的希腊十字架。我的朋友认为这样的解答十分接近。但是如果在购买了1便士的苹果却支付了6便士，最后只拿到老板找回的4便士，这样的找零似乎并不“接近”实际。

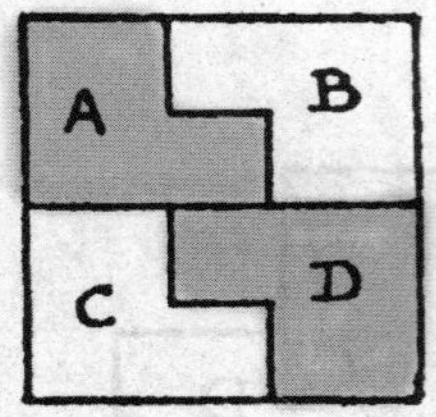

图 21

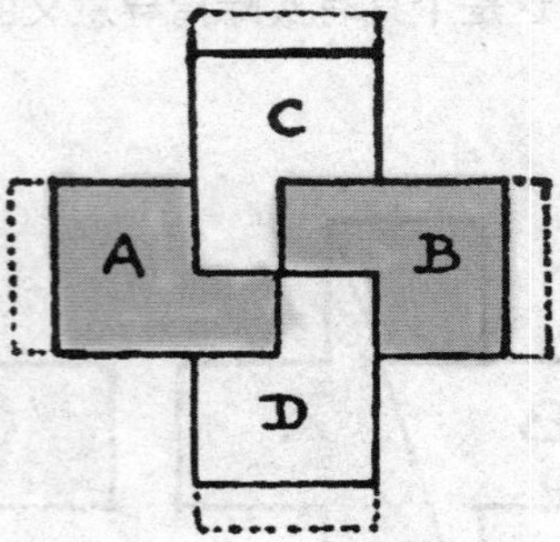

图 22

切割方向和切割线的宽度忽略不计是解决切割谜题的两个要点。假如一个十字架在经过切割后没有组成一个完好的正方形，一定是因为自己的切割出了问题。如果是不太精确的十字架，切割线的方向，以及锯子的使用等都会影响到切割组合。假如材料用剪刀剪切不会有任何残缺，但如果换成锯子，哪怕是最精细的锯子，也会损失一些材料。大多数谜题里，面积较大的东西不会受到切割线影响，也许材料损失不会影响到最后的结果。可如果不是对某个整体进行切割，而是从另外的一个材料上对需要的部分进行单独切割，或许会得出更完美的结果。

另一个谜题是接下来我们要讨论的重点。假如一个正方形被我们按照图14的方法分成5份，把五部分重新组合重新会形成一个形状怪异的十字架，如图23的形状。那我们应该怎样把图24分成5份

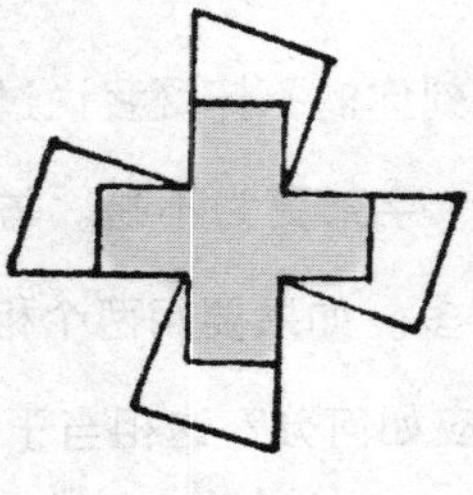

图 23

图 24

之后组成一个正方形或两个十字架呢？切割方法其实如图 23，重新组合的方法其实如图 14 和图 15。可是把图 24 分成 4 份之后重组成正方形才是更好的结果。

图 25 和图 26 就是我们要的答案，切割线 AB 与 CD 垂直，结果四部分刚好组成了一个正方形。

为什么正方形的面积和希腊十字架的面积相等，我们下面重点解释一下，因为我们之后的所有切割谜题都必须以它为基础。公元前 500 年的哲学家毕达哥拉斯首先发现了这个问题，并且在欧基里德几何里收录了此题，它就是第 47 个命题。这门学科为什么会如此引人入胜，初学者完全可以通过这个命题了解到原因。如图 27，在直角三角形 ABC 中，AB 和 BC 垂直。假如有三个正方形分别依靠三角形的三条边建立起来，那么以 AC 边建立的正方形面积一定与 AB、BC 两边建立的正方形面积之和相等。验证方法是把三个正方形变成同等大小的正方形的组合。

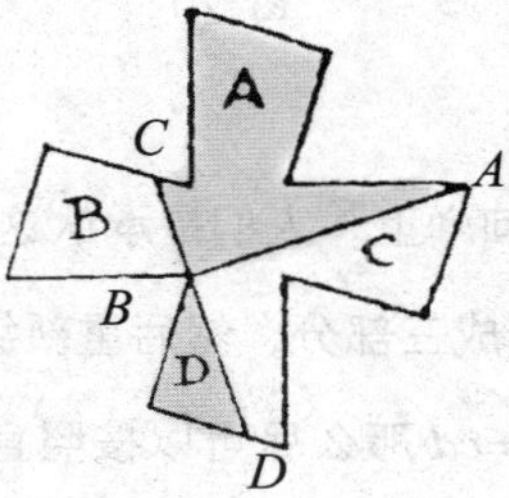

图 25

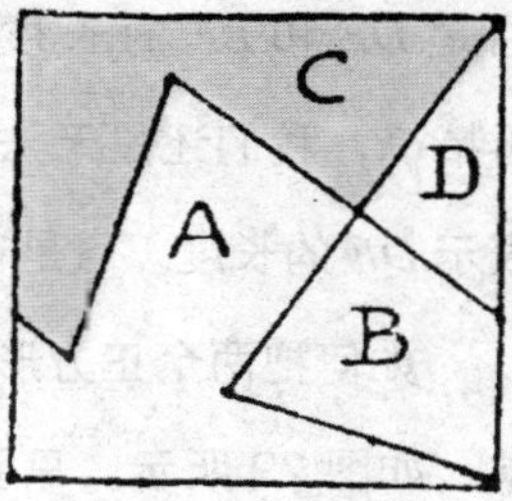

图 26

大正方形中的小方格为 25，刚好是两个小正方形中小方格个数的 9 与 16 的和。我们可以用 8、15、17 或者 5、12、13 分别为三角形的三条边，进行相关证明，同样可以得出，任何情况都可以用到这些证明，因为这些数都可以成为直角三角形的边长。如果一个十字架的下部手臂被我们切断之后放到左上角，得到的结果就是图 28。所以 $DF^2=DE^2+EF^2$，也

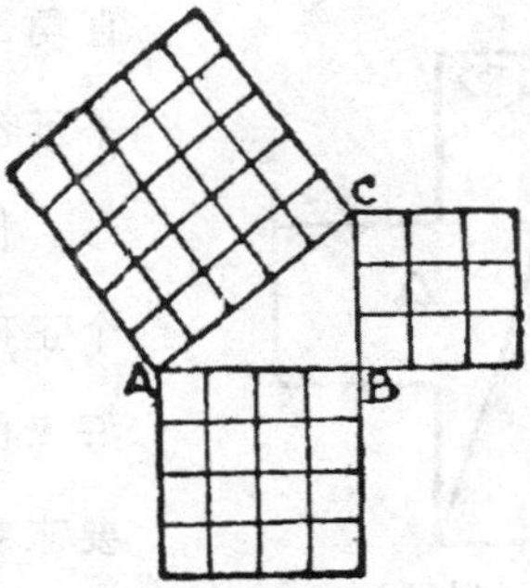

图 27

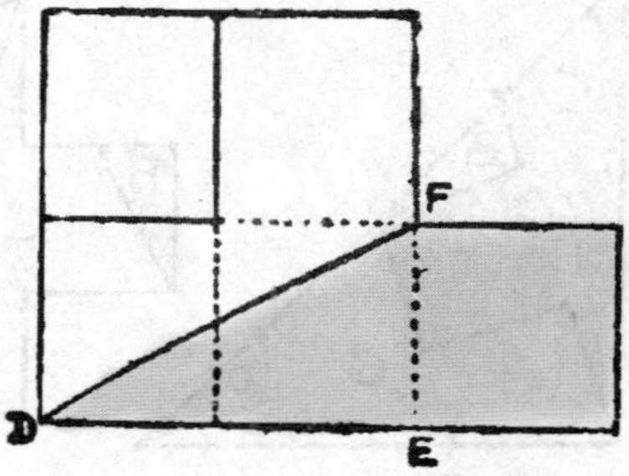

图 28

就是说十字架的面积是 DF 的平方。前面题目已经给出过类似的证明。由于这个三角形不是有理三角形，所以哪怕是 DE 和 EF 的长度再精确，我们还是无法表示 DF 的长度。可是在几何学上，人们是承认这个规则的。

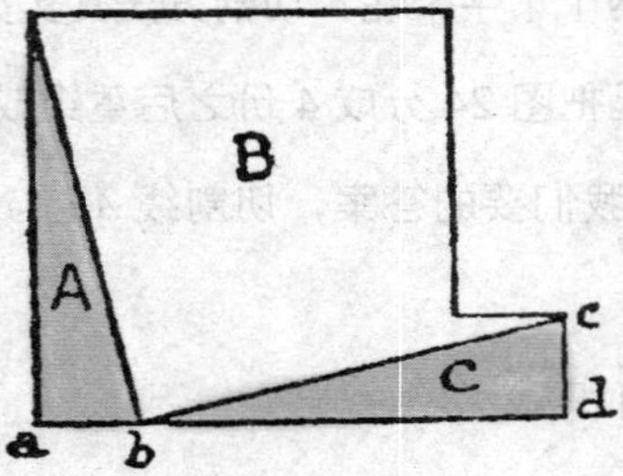

图 29

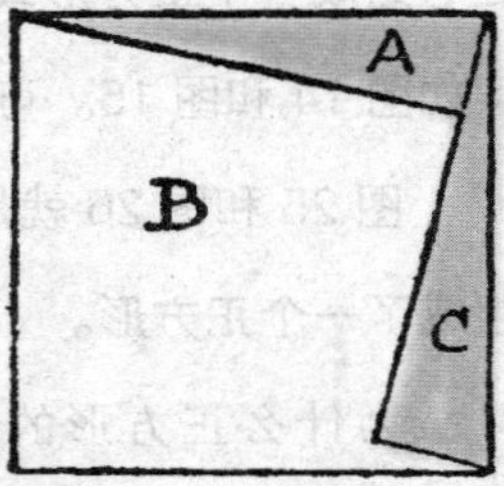

图 30

如何把两个正方形分割成三部分，然后重新组合成一个正方形呢？方法很简单，如图 29 所示。只要 $ab=cd$ 那么尽可以按照直线进行切割。新正方形的边长是 bc，只要你细致观察一定可以得出这个规则。这个规则适用于所有的边长。如果有两个同样大小的正方形，新正方形的边就是原正方形的对角线，并且面积是原来的两倍。人们很容易理解这些，切割谜题的解答同样也离不开这些。很多人并不十分了解那些完美的谜题结果是怎么得出来的，这真令人感到遗憾。

接下来，我们要对等腰直角三角形进行深入研究。沿对角线把一个正方形分成两部分。想办法把得出的三角形分成 4 份，之后重新组合成十字架。图 31 和图 32 就是这个谜题的解答。直角边和斜边在这样的情况下分别被分成了 3 份和 4 份，然后找出切割的方向一点不难了。与之前的解答比较，这个完美的谜题难度稍稍增大了些。相对简单的是它的逆命题，也就是把十字架分割 4 份重组为等腰直角三角形，这一点我们不可忽视。

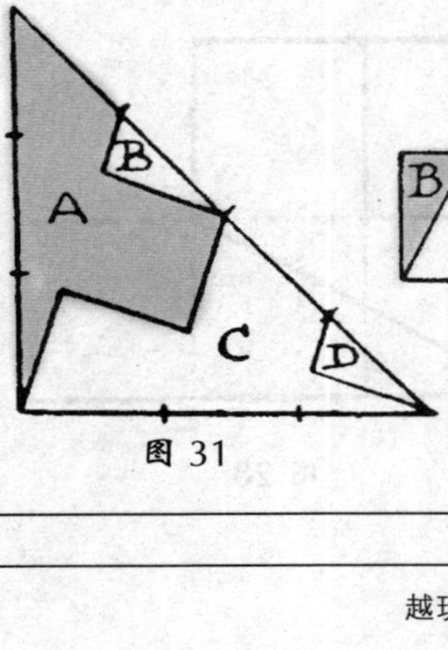

图 31

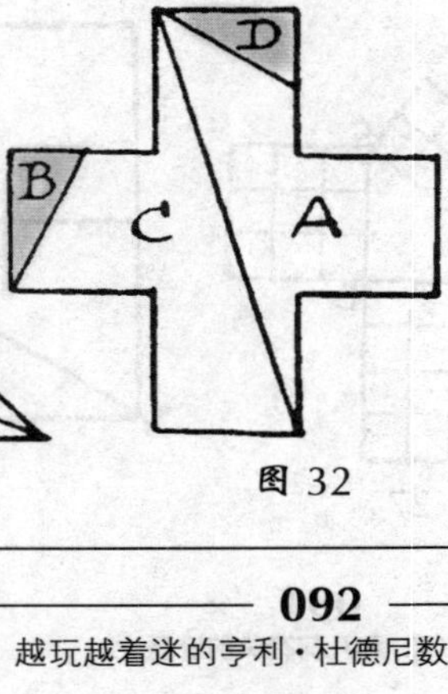

图 32

使自己的谜题只有一个正确答案是所有谜题爱好者的共同目标。如果只要求把一个十字架分成 4 份之后重新组合成正方形，这个谜题的解答会有很多种。要使得谜题更加完美，就要加上一个附加条件，那就是必须分成4个大小相等和形状相同的部分，这样解答就唯一了，图8和图9就是这样的结果。题目在添加条件的情况下会变得很有意思。下面是一个很有意思的例子。图33可以被分成三个部分，然后将其重组成十字架，这在图28中有标记。说完成这个题目，一个脑筋好使的小朋友用不了5分钟就可以给出答案，这一点我丝毫不怀疑。

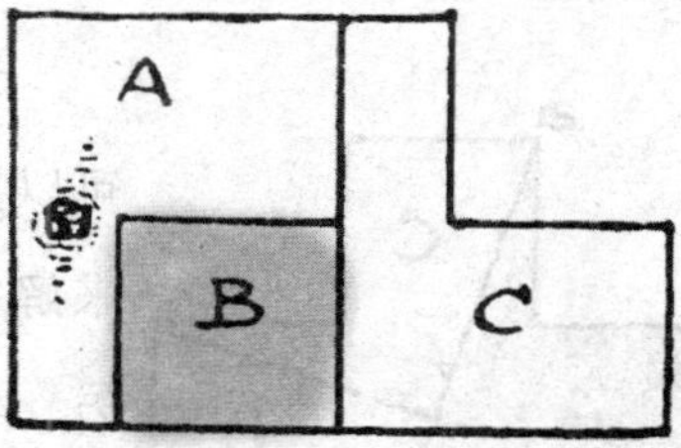

图33

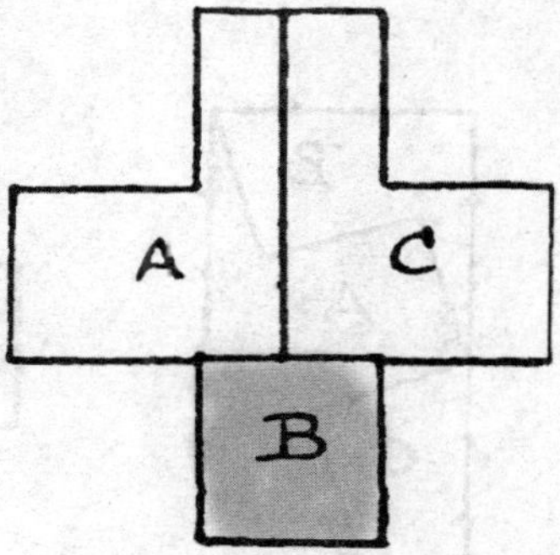

图34

假如读者被问到怎样在尽可能少分的情况下把正方形的一半重组成希腊十字架，那么他一定会毫不犹豫地回答："结果如图31和图32所示的那样。"但这不正确，因为说的是正方形的一半，但不一定非要沿着对角线将其分开。对谜题的条件我们一定要仔细研究，绝不可以凭空猜测或附加自己的条件。很多的读者都为这种陷阱所陷害。

准确理解题意是我们解决谜题的前题条件。假如正方形的一半如图35所示，那要组成希腊十字架一定要分成三份，所以可以少分一部分。

还有另外的一个谜题，如图36所示。一个原本由25个小正方形组成的大正方形，被切掉了四个角，为了让大家看清比例，我们特意添加了虚线。问题是怎样把其分成5个部分，之后再重组成一个正方形和一个希腊十字架。

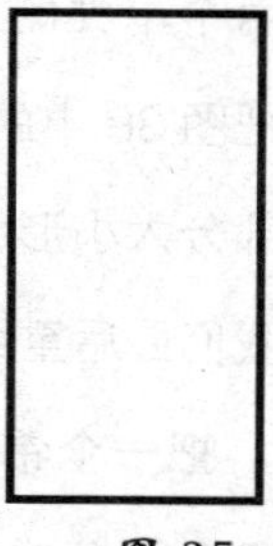

图35

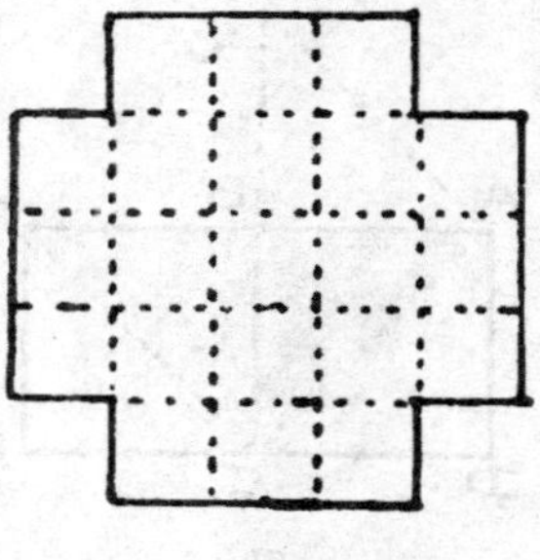

图36

下面的图37和图38是上面提出的把一个正方形的一半（就是个矩形）分为三部分，之后重组成希腊十字架的解答情况。矩形的长边和短边分别被等分成6份和3份后，切割方向会自然出现。以此来对比之前的解答，不难得出，图15会在我们继续分割 B 和 C 后得出来。

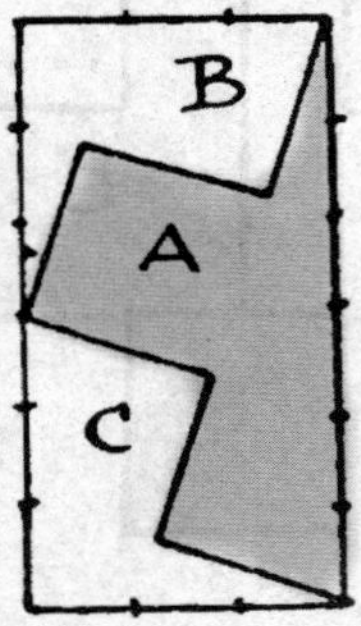

图37

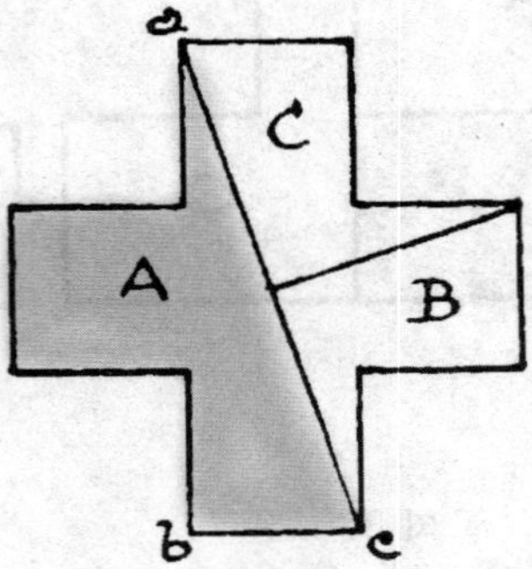

图38

切割谜题在某些时候可以凭借一点点算术知识来解答，这一点可以通过另一个谜题体现出来，如图12和图13所示的。新的正方形和十字架完全可以用我们分出的25个小正方形来组合出来。因为5个正方形就可以组合出一个十字架，而其余的16个刚好可以组成一个正方形，由此，我们会立刻想起图39中的解答。

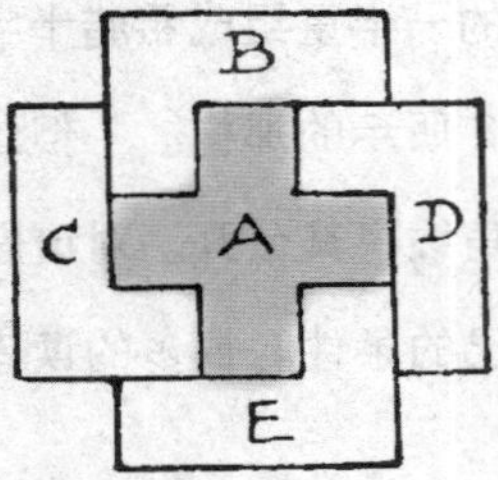

图39

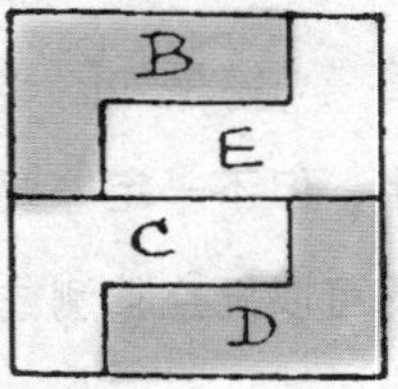

图40

其实，我们完全可以把半个正方形（矩形）看成两个连接在一起的正方形。所以要解答把一个希腊十字架分成4部分后，重组成两个单独的正方形，并且要大小相等的谜题。只需把图38中的短线继续切割就可以了，这样分出的四部分大小形状完全相等。将图37从中间对折就成了我们最后重组的结果。

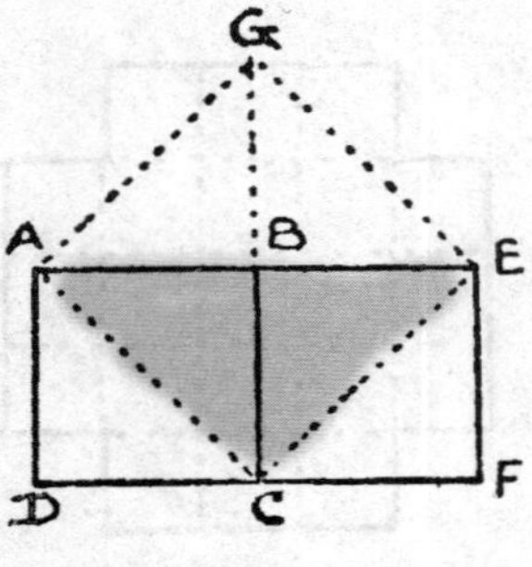

图41

把一个希腊十字架分割组合成两个正方形，要求只允许分成5份，得出的两个正方形中的一个的面积是十字架单只手臂面积的$\frac{1}{2}$。图 41，沿着虚线对两个正方形 *ABCD* 和 *BCFE* 进行分割，之后组合成更大的正方形 *AGEC*，这个大正方形的边刚好是原来正方形的对角线，并且大正方形的面积刚好是小正方形面积的 2 倍。所有正方形对角线的$\frac{1}{2}$与面积是自己$\frac{1}{2}$的正方形的边长相等。所以，我们可以把十字架的单个手臂看成这个大正方形，题目中要找的一定是两个小正方形。

解答过程表示为图 42 和图 43。十字架中心是完整的小正方形，另外一个是图 43 的组合，它由 *B*，*C*，*D*，*E* 四部分组成。十字架单个手臂的$\frac{1}{2}$刚好是小正方形的面积。所有的问题都有自己的解答方式，只要大家用心思考就一定会发现答案。

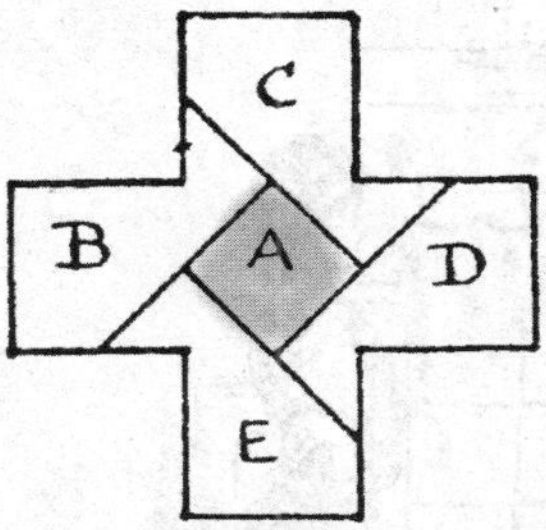

图 42

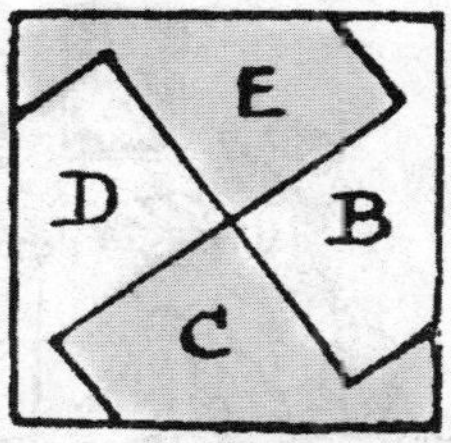

图 43

153 被子的形状

为了给家人准备一个小小的圣诞礼物，威尔金森家的妇女们制作了一个不太复杂的被子。如图所示，这是用小正方形组合成的被子。但被子的四个角还没有缝好。有人说，只要沿着黑色的针线把中央的希腊十字架拆分开来，就可以得到大小和形状都相同的 4 份，然后把它们重新组合在一起就可以得出一个正方形。这其实一点也不难办到，读者朋友们应该一眼就可以看出来。可是，乔治·威尔金森把一个难题告诉了这帮妇女们，“假如不拿出十字架，4 部分也不必组合成正方形，是不是可以拆分出另外的 4 个大小形状都相同的部分与一个正方形，使用前 4 部分组合一个希腊十字架呢？”有了前面的铺垫，这个题目已经不太难了，请试着解答。

154 希腊十字架

把一个十字架分成 5 份的情况下，如何使十字架从一个变成两个大小相同的十字架。解答这个谜题的一定要尽量完美。

155 三角形与十字架

把一个十字架分成 6 部分，如何使一个十字架重新组合成一个正三角形。前面我们讲过怎样用正三角形组合正方形的谜题后，这个题目就变得简单多了。

156 十字架的折叠

如图所示：折叠一下剪下来的十字架，然后用剪刀将其剪成4部分，使其组成一个正方形，请沿着两条垂直的直线裁剪。

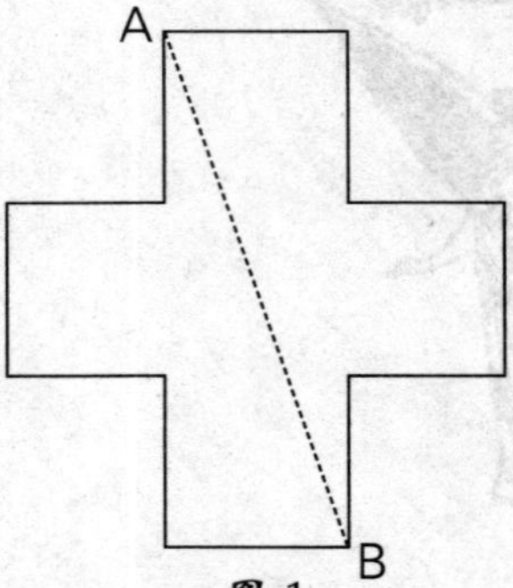

图 1

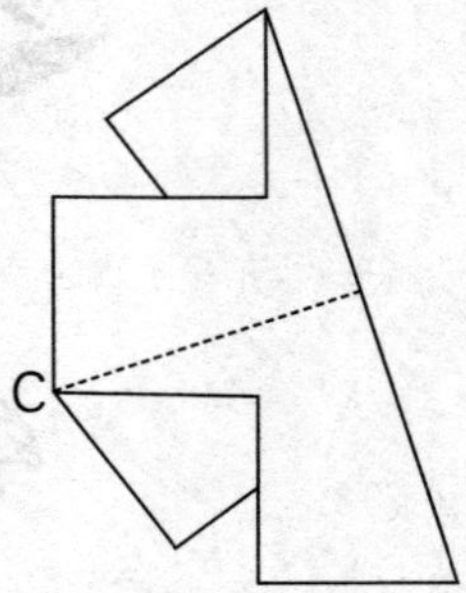

图 2

第二节　分割趣题

形式多样的分割问题是我们下面研究的重点，它们的难易程度有所不同。

157 比较容易的切割谜题

按照图中所示的形状准备一块纸板。这块纸板子由一个正方形和另一个相同正方形的$\frac{1}{2}$组成。请将如图所示的纸板4等分。问题是，把它分成4份。

158 剪出来的瑞士国旗

贝蒂一剪刀就能剪出一个五角星。和其巧妙程度不相上下的还有一种游戏，佳丽小姐很会玩这种游戏。在回答父亲瑞士海军的军旗意见时，表现得就十分出色。如图所示一块红色的墙纸余料被她轻松地剪成了两片，经过重新组合，我们的面前就出现了一幅瑞士国旗图案，中间还有一个白色的十字。裁剪的方法是怎样的，你是否知道？

159 高兴地学习

有关圆的分割问题，古希腊的哲学家数学家欧基里德曾经向托勒密的统治者讲解过，这在史书中是有记载的。可是这个蛮横的统治者以这些东西单调无味毫无用处拒绝欧基里德解说。欧基基里德非常生气，准备辞去这个老师的职务。在他看来任何人要想在学习数学的过程中走捷径是不可能的。

当时有个小丑跳到黑板前讽刺欧几里德说，自己要担当这个职务，并且一定要用人们喜爱的方式把高深的数学原理讲解清楚。

小丑还说道："为了使学生们永远铭记住自己学过的东西，一定做到不要硬把知识塞进他们的脑子里，要夹杂着别的有趣

的东西使其一起接受，这样他就会终生不忘，死记硬背的东西无法长久。”

“为了使人们对其记忆更加的深刻，具体的事例应当是在历史的片段中去截取。更具灵活多样的表现方式会使得乏味的数学变得使人容易接受。”

“人们有条理的思维，以及对成功的思考，这些都离不开数学，它更是科学和艺术的基础，学习的重要部位。较早培养孩子们对谜题的兴趣是十分必要的，父母一定要注意这一点。”

小丑彼得接着说：“在我开始讲解分割圆之前，请陛下让我把传令官汤姆叫上前来。难度不是很大的加减法大概是他全部的数学知识。可是我要他回答一块德式的薄饼在被小刀沿直线切割 7 刀后可以得到几块？”

“除此之外，对于我们头上达摩克利斯之剑的故事，我同样可以使其变得趣味无穷。它的形状为什么是弯曲的？要多少根同样长度的横杆才可以围成一个直角三角形，使得它的直角边长为 47 根横杆。

对于彼得提出的这些问题，读者朋友们能回答吗？

160 正方形谜题

如图所示找一块长方形的纸板，使其长是宽的 2 倍，沿其对角线的方向一分为二。问题是怎样用这样大小形状相同的 5 个三角形组合成一个正方形，允许把一个三角形切割成两部分，一定记住只允许切割一个。

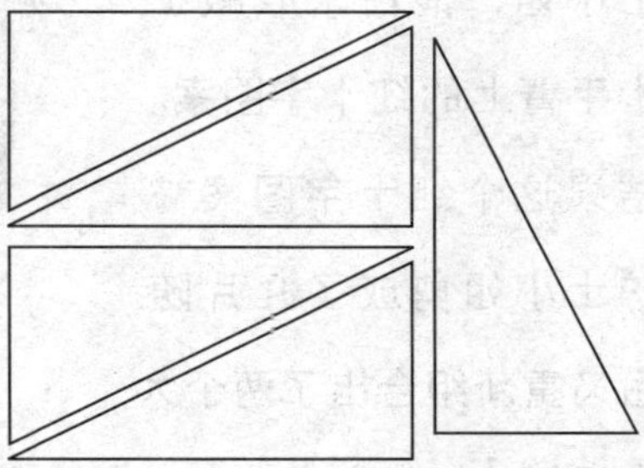

161 分包子

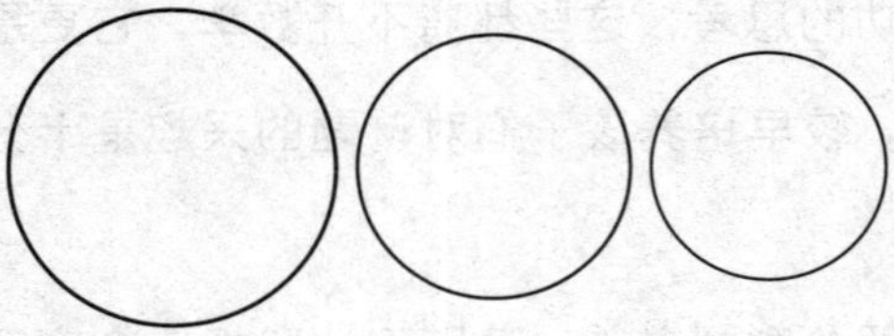

四个男孩分别是大卫、艾德、弗莱德和哈利，他们要平均分配如图所示的三个圆形包子。三个圆包子具有相同的厚度。包子分成的部分要做到尽可能最少。其实把包子分成5部分就可以了，真是令人吃惊的结果。这样，谜题就简单了很多。有两部分会被一个男孩分到，其余每人一份。

162 护士小姐

在护士小姐细心照料下，图中这个受伤的士兵很快恢复了健康。为了铭记这位可爱的护士小姐，他请求收藏护士手臂上的红十字图案。结果这个红十字图案被护士小姐剪成了几片随后又重新组合出了两个大小相等的红十字，其中一个被她送给这个士兵做了纪念。她是如何做到的？

163 印度花

如图所示，印度花在谜题中是十分有名的。种子被僧人放到帽子里，时间不长就会有一朵印度花盛开在那里，之后，这 7 片叶子就会被拼成十字架。

拼凑的方法你知道吗?

164 正方形的巧克力

顺着这些虚线分割这块巧克力，就会得到 20 个正方形小块。把这些巧克力块在纸上画出来，把它分成 9 个部分，然后组合成 4 个正方形，使其大小形状完全相同。

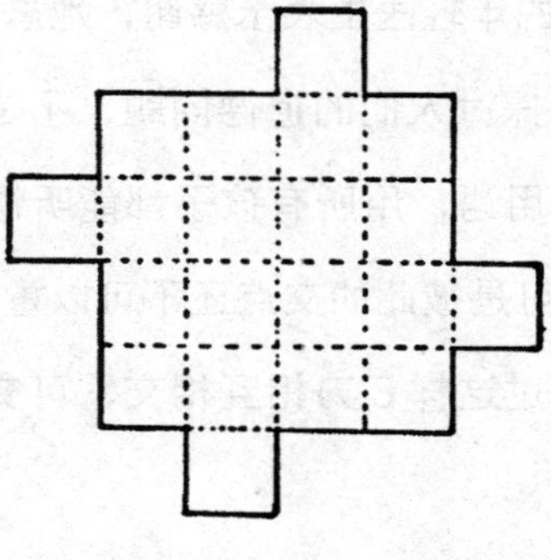

165 切大饼

大饼被奥弗莱太太的厨师分成了很多块，这违反了“……大饼只允许直线切6刀”的细则规定。这一点被寄宿人员发现了，他们为了争取合理待遇，代表们决定进行罢工。

其实奥弗莱太太早就习惯了把大饼分成不同大小的块，对于那些从不拖欠房租的客人，她总是分给他们比较厚的部分，而把一些边角分给其他人。为了对照顾自己女儿的年轻医生表示感谢，她总是把中间的部分分给他。

就分饼的问题来探讨人们的道德问题，不是我们的重点，我们只是想把欧基里德的数学专业用语，用所有孩子都能听懂的语言表达出来——所有的线段都要两两相交，可是彼此的交点还不可以重合。

朋友们，大饼经过这样6刀相互相交，可交点又不重合的切割最多可以分出多少块?

166 节约布料

这是一个志愿者想出来的裁剪谜题。这个小姑娘十分乖巧，她和那个用一剪刀剪出五角星的贝蒂罗斯肯定存在着亲属关系。红色的法兰绒布料非常有限，她的裁剪一点也不浪费，在为护士制作臂章的时候，一块正方形的布料被她裁剪成了 5 块，之后缝制出来两个红十字，它们的大小居然相同。她是如何裁剪的，你知道吗？

167 用法冠组合正方形

小木匠看着主教的法冠非常为难。这原本就是个正方形，如今被切掉了 $\frac{1}{4}$。我们现在要把它重新分割，之后还原成正方形，假如只能分成 5 部分，应

当怎样分？我曾尝试着分成4部分，可是最后得出的结果都行不通。

先使其组成长方形是我们首先要做的，如图所示，把1、2两部分切下放到虚线的下面就可以了。

所有一切到现在为止还算正常。接下来的步骤原理是我们之前说过的，正方形在第4部分向上移动一下的时候就可以得出来。可是得出的却是个长方形，而不是正方形，这令人感到遗憾。我们设84英寸是主教法冠三条边长，那么组合出的长方形边长就是84和63，高$10\frac{1}{7}$英寸、宽12英寸是这个台阶的尺寸。所以我们最后得出的是一个长方形，边长为72和$73\frac{1}{3}$。其实，只有长和宽有着特殊关系的长方形才可以使用这样的步骤原理。假如上面的题目里，宽不是63而是$61\frac{1}{3}$英寸，这个步骤原理就非常合适。此时台阶的尺寸是$12\times10\frac{1}{3}$，最后得出的正方形为72×72。至于说分割为4部分的说法，我本人还持有怀疑态度。

168 两个小木匠

图中的两个小木匠要给狗窝做一扇门，这个方桌面最少要被锯成多少块才可以实现愿望？

169 正方形的分割

如图所示，第一，一个大正方形怎样被分成6个大小不一定相等的小正方形，方法一定是最简便的。

第二，在下面的图形里，你是否可以把总统乔治华盛顿的头像找出来？

170 均分土地

如图所示，四棵年代非常久远的橡树就生长在一块正方形的土地上，它们自土地的中心向一边排成了一排，并且相互间的距离相等。

现在四个儿子要平分这块土地，并且都要带上一棵橡树才行。具体的分配方法，你知道吗?

171 工匠的困惑

一个工匠要制作一个正方形的桌面，他拥有的材料是如图所示的两块木板，要求分割的块数要尽量少，不可以对材料构成浪费。他怎样做才可以呢?根本不用测量，这是因为解题方法不受木板大小的影响。

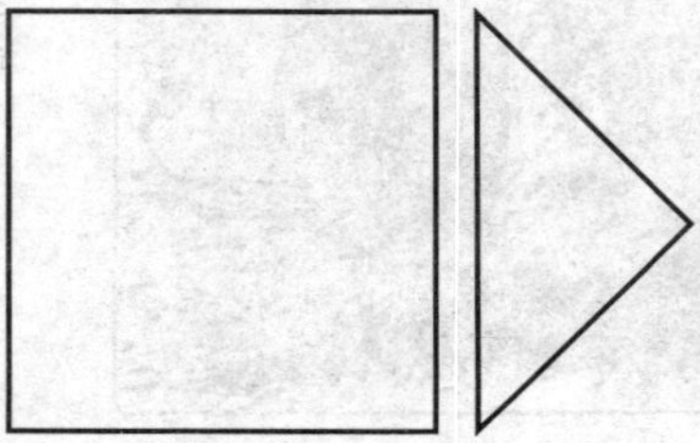

172 奶酪的块数

我们恰巧碰到的事情或者偶然观察到的社会现象都可以成为的谜题。我们时常被生活中一些不同寻常的事情弄得困惑不已。假如我们在刻意的为这些事情设置一些条件，那么就会得到一个很好的谜题。

我们需要掌握的就是，题目表达要简洁明了，用独特的方式把难点隐蔽起来，提问和解答应当令人愉悦。下面就是个很好的例子。

一块奶酪在被图中那样的直线切割 6 刀后最多可以得出多少块?

173 切割问题

这个是个典型的切割问题，有一定的难度，一个 5 英寸 ×1 英寸的长方形纸带被我分成了 5 部分，之后重新组合成了一个正方形。接下来的问题，还是这个谜题，只是分割的块数成了 4 块而不是 5 块。

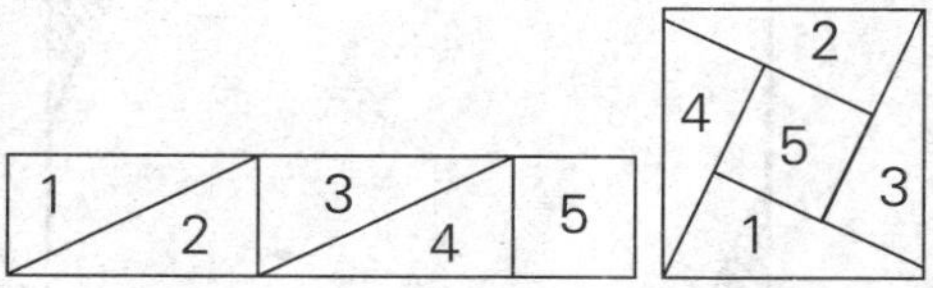

174 被单的拼凑

为了表达自己的爱心，好心人组织的11个成员进行了拼被单活动。所有人都要捐出一块正方形棉布片，并且里面至少包含一个方格，所有人的都要被用到。怎样才可以把不同大小的布片拼凑在一起，构成一床大的被单，这是所有人都要认真思考的事情，最后大被单中小正方形的数量就是这个组织的人数。假如每个正方形最少包含一个方格，这个床被单如何被我们分解出11个正方形?

175 残缺的地毯

哈逊夫人的孩子在玩火时烧坏了她家里地毯的两个角，图中就是剩下的形状。哈逊夫人想把它重新组合成正方形，分割的块数要尽量少些，应当如何分?36×27是地毯原来的大小，12×6是损坏的三角形大小。

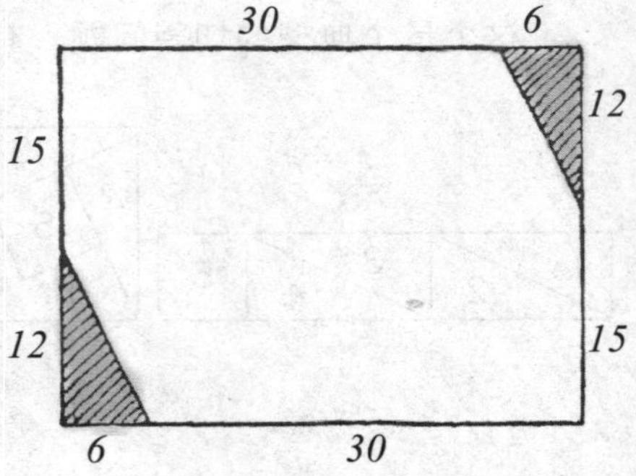

176 拼凑正方形（一）

怎样把图中的十字分割组合出一个正方形，只允许分 4 部分。

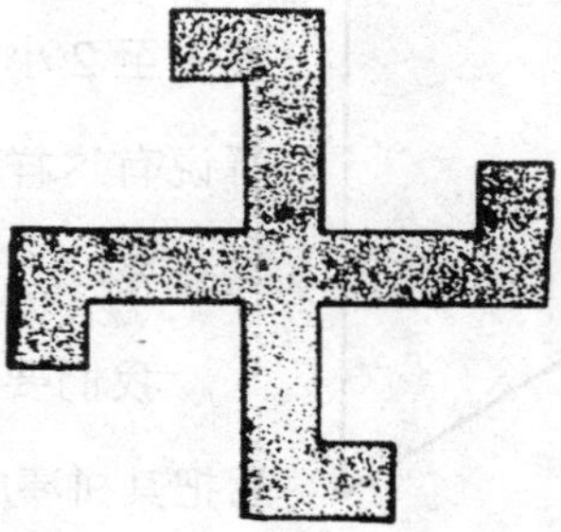

177 拼凑正方形（二）

这个题目非常经典，有个木匠把一个 16×9 的长方形木块锯成了两块之后重新组合成了一个正方形，随后用方木块把一个正方形的洞口堵死了。由此，我受到了的启示。我发现通过下面的方法可使任意的长方形拼凑出正方形，由下面的底到顶部空出一个格子后用若干个方格连接起来。使得高要比长短一些。分隔开之后，错位移动一下就可以拼出一个正方形了。

这在解决木匠的困惑时已经给出了解答。

178 组合菱形

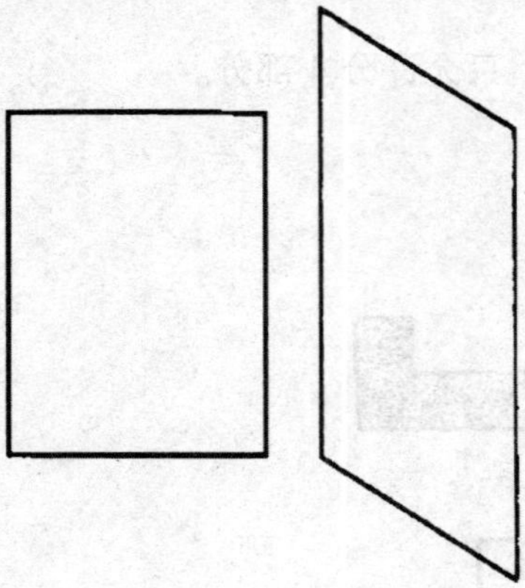

只要一把剪刀和如图形状的矩形和平行四边形纸板，你就可以在任何无聊的时候打发 1 至 2 小时的时间，这不受场合的限制。听说有这样一个游戏，读者朋友们是不是很高兴呢！

我们要做的就是两等分左面的图形，随后把其拼凑成一个菱形。当然，在矩形的面积 = 平行四边形面积的情况下，最后拼凑出的菱形面积同样是相等的。

上面的问题应当比较容易，难点是怎样通过裁剪来证明两个图形的面积相等。为了保证拼凑的菱形和原图面积相等，任何浪费都不能产生。

179 正五边形与正方形

假如让一个对几何一点也不关注的人来画一个正五边形或者五边形，那会是怎样一个情景，对于这点，我真的很想知道。我们可以不费吹灰之力就能够把一个正六边形画出来。用一个圆的半径为边长，以圆周为基础标出六个点就可以了。可是这样的方法根本画不出正五边形。我们的题目是对正五边形进行分割。可是对于那些接触画图较少的读者朋友们，我们首先要把这个图形的画法告诉他们。把两条相互垂直平分的直线 HB 和 DG 画在一个圆里面且与图相交于 D、G 和 H、B，以 CB 的中点 A 为圆心，半径 AD 画

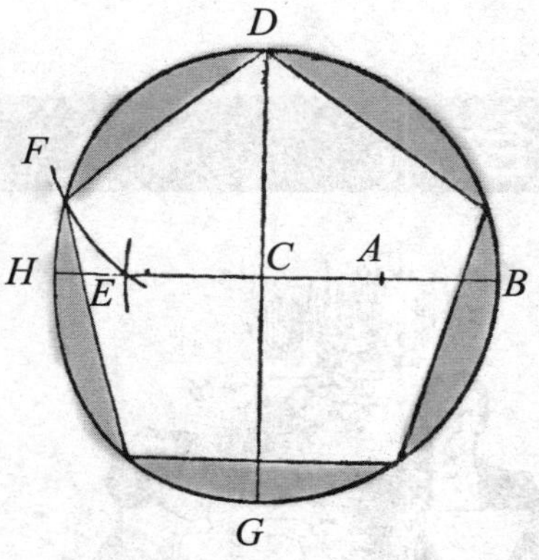

圆弧，与 AH 相交于点 E，再以 D 点为圆心，DE 长为半径画圆弧交圆于点 F，正五边形的边长就是 DF，这样画出其他的边就不是什么难事了。感觉到困难是因为没有方法，一旦掌握了方法，所有问题就迎刃而解了。

后面的问题就是，如何把它分割组合成一个正方形，分割的部分要尽可能最少。

180 羊圈问题

如何把长方形转化成正方形是我们接下来要讨论的问题，在此之前，我先把波比小姐的亲身体验讲给大家听。

在帮波比小姐修理羊圈的时候，有一个木匠发现了这个问题。在放同样多羊的情况下，正方形的羊圈都会比长方形的羊圈节省两根柱子，因为正方形的每个柱子上都可以拴上一只羊。

波比小姐的羊最少是多少只呢？

181 正三角形的分割组合

如图，绅士正在和自己的朋友说一个有趣的谜题。一个三条边相等的正三角形被绅士从一张纸上剪了下来。随后，这个三角形被分成了 5 部分，经过重新组合居然出现了 2 至 3 个正三角形，材料一点也不浪费，怎样分割，你知道吗?

一定不要忘记，分割后的 5 部分既可以组合成原来的正三角形，也可以组成两个三角形，或者三个三角形，都是等边的。

182 凳子与桌面

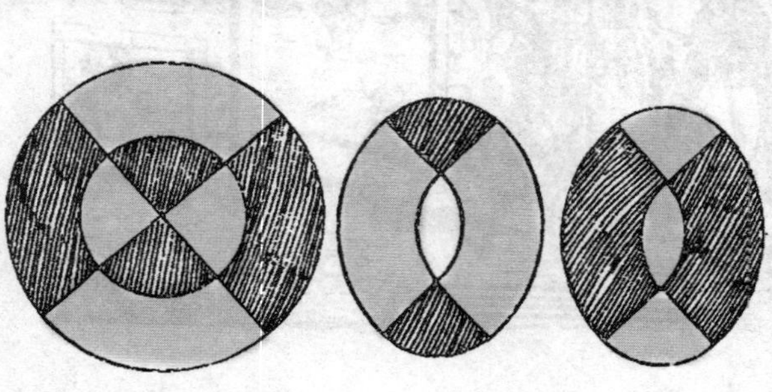

对于那些古老的谜题，有些原本不正确或者存在缺陷的解答，我时常给予更正。相信读者朋友们一定

听说过凳子与桌面的问题，这就是我接下来要说明的。

有个非常节俭的校长，他从不浪费，这不，面对一个原本没有什么用处的桌面，他要把它改造成两个中间带孔的椭圆凳子。他把分割和组合的方法告诉了木匠，就是图中所示的那样。我对其巧妙的想法始终不能忘怀，这个问题甚至被他拿到了班级上作为例题讲授。可是他并没有告诉人们故事的结尾，对于自己的错误，他从不亲口承认，这是校长的一贯做法。我的信息来自一位谜题爱好者的孙子，这个人对待谜题总有些不同寻常的看法。

这个人曾经向校长提出来，小男孩在坐这个凳子时可能会被漏下去，因为中间的孔太大了。他的分割方法可以克服这个缺点。校长因此毫不留情的给予惩罚。其实中间孔大的凳子面做起来更加舒服，这是他后来得出的结论。

男孩的方法是什么样的呢?

在一点不浪费的情况下，你是否可以做出两个完全一致中间有小孔的椭圆凳子，桌面被分出的份数是8。

183 奇怪的符号

这个符号特别值得大家关注，如图所示，这时常出现在朝鲜旗帜和商人的旗帜上，它甚至被北太平洋铁路公司作为贸易标志。和基督信仰十字架一样，中国人对这个标志也情有独钟，它象征着神和永恒。男性和女性自然的力量，以及阴和阳就是圆内两部分所蕴含的意义。这个标志在上岁

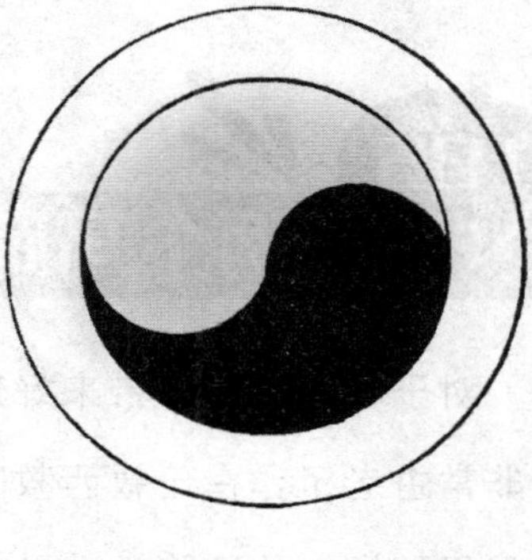

数的人眼里是神秘的，在学生的眼里，它具有一定的数学意义。

有三个谜题对应着这个奇怪的符号。

第一，圆里的两个部分，连同外面的环，面积大的是哪一个？

第二，把圆里的两部分分成大小形状都一样的四部分，只允许裁剪一刀，应当在什么地方剪？

第三，把圆里的两部分分成大小相等而形状不同的四部分应在哪里剪？同样是一刀。

184 正方形木板

有一块边长为 5 英寸的正方形木板，如图所示。这块木板被直线分成了 25 个小正方形。我想把它们分成两个不同大小的正方形，要做到分割的块数尽可能少，应当怎样做？可是，在原来正方形的 16 个交点上都钉着钉子，为了不使锯毁坏，我们要找到合适的分割方法。一定要给出两个正方形的大小。

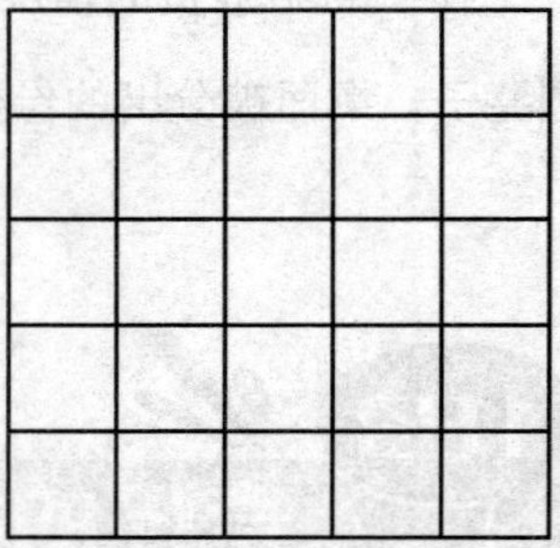

185 两个马蹄铁

对于马蹄铁可以带来好运这一点，没人明白是怎么回事。这个说法已经非常古老了，在伦敦西教区的房子中，很多的门槛上都有一个马蹄铁。蒙默思郡街上的马蹄铁数量在 1813 年是 17 块，到了 1855 年是 7 块。胜

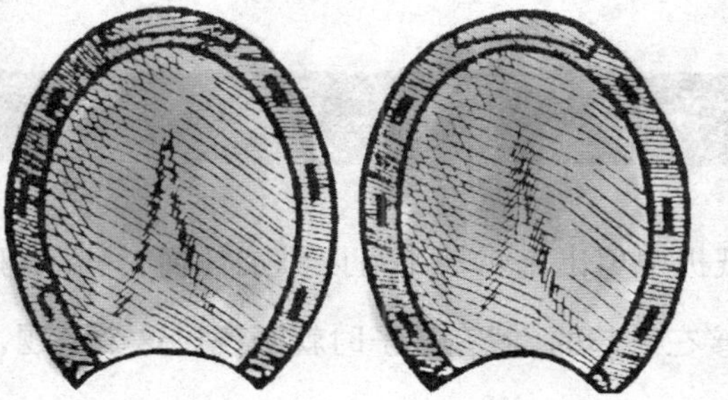

利号桅杆上甚至都被纳尔逊勋爵钉上了一块马蹄铁。马蹄铁被钉在马掌上，这在我们看来是代表好运。

直到现在，象征着成功、名誉和健康的马蹄铁和十字架以及别的符号，它们都得到了我们的敬仰。除此之外是不是还有什么数学奥秘隐藏在其中呢？或许这些已经失传了。这个问题是我一直都在研究的，但愿这样特殊的情形同样可以得到读者朋友们的重视。如图所示，这对马蹄铁很像一个具有永恒意义的椭圆形。为了对它们隐蔽的关系进行说明，我将列举一个简单的例子。我明白，在找到答案的时候，读者朋友们一定非常高兴。

把两个马蹄铁沿着轮廓慢慢剪下来，把它们分成不同的四部分，之后重新组合一个圆形，不能浪费一点材料。

186 一剪得出的五角星

肥城的贝特斯·罗斯记者一直追着我要一个年代久远的谜题解答。对一张纸先是折叠，之后，一剪刀得到一个五角星。对谜题起源的真实性，我无从考证。可是我有一张照片是关于肥城老房子的，好像那里曾经住过一位女士，老房子应当还在。这个小谜题一定可以勾起读者的兴趣。

把一个折叠好的圆形纸片剪一刀就会得出一个五角星。

187 剪链子

如图所示，你可以在一张硬纸板中剪出来吗？不可以添加任何材料。剪完后链子不可以断裂，它是完整连接在一起的。我在孩子时就听说过这个谜题，可是我并不知道解答的方法。

188 拼凑正方形（三）

图中的木板被锯成多少块就可以拼凑成分正方形，块数做到最少。

189 切马铃薯的问题

桌子上放着一个马铃薯，在不调整位置，不堆放的情况下，对它切六刀，最多能切出来多少块?

使用如图的方法可以切出来16块，这一点也不难。

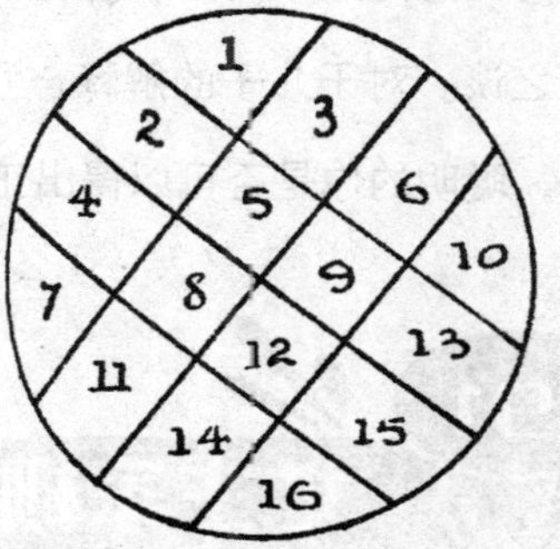

190 圈猪圈

有一天艾琳把这个谜题告诉了自己的儿子，这让儿子特别困惑。如图所示，有7头猪被围在一个正方形围栏里，是不是可以在这个围栏里做三条直线形的栅栏，把所有猪都单独圈养起来。换句话说，在正方形上画上三条直线，使所有猪都被单独圈起来，这算是最简单的谜题了。

儿子认为，这些猪不会静静等候他们来设置栅栏，而是被蛮横的猪召集到同一个角落对抗设置栅栏的行动。父亲告诉他，猪在这里可以假设静止不动。儿子终于被说动了，把三条直线画了出来，可有一头猪被直线穿了过去。对别人反对的意见儿子的解释是猪在没有被割到喉咙时是不会死去的。这根本就是无稽之谈。对于儿子的解释，我们当然不能赞同，他显然没有找到合理的解答方法，聪明的你是否可以得出正确的答案呢?

191 地主家栅栏

如图，一位负责人正在倾听地主的命令，这其实是个小小的谜题。在一个栽有 11 棵树的牧场上，地主要求使用最少的栅栏把 11 棵树分到 11 个地块里。你可以在图中画出几条直线试一试，看看需要多少栅栏，还有就是所有栅栏都要相交。

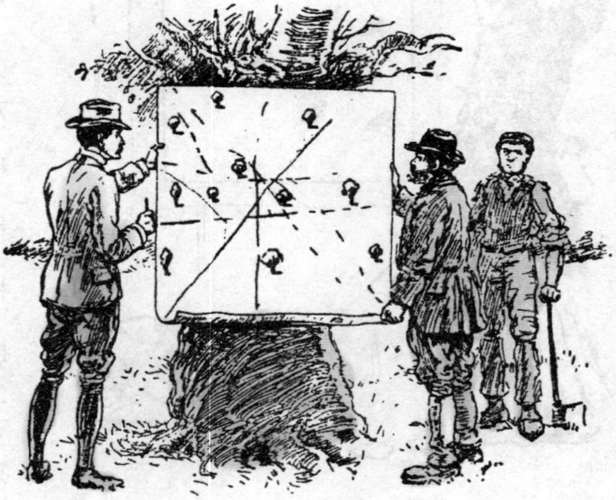

192 猫的划分

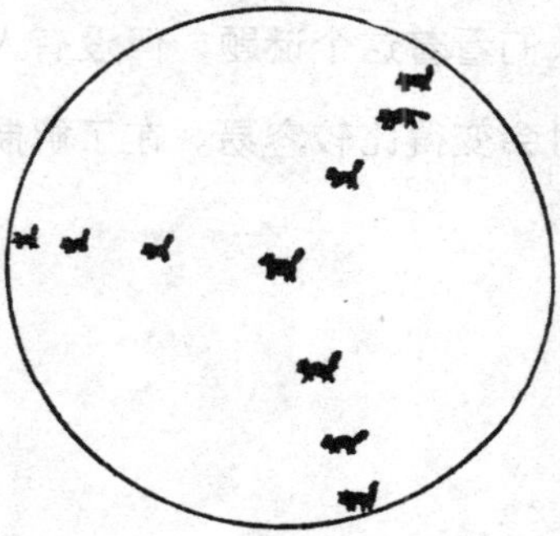

10只猫被男巫放到了一个具有奇怪力量的圆里，同时这些猫还要接受他的催眠，于是，这些猫始终保持静止，即便被男巫玩乐它们都不动一下。男巫想着把三个小圆圈画到大圆圈里，把所有猫都单独分开。这样的三个圆圈应当怎样画，你能找到方法吗?

193 分割甜点

主人看了一眼放在桌子一端的美味佳肴，说:“看着这些圣诞节的甜点，我想到了一个谜题，内容是这样的。”他一边说一边把自己的手放到了胸前的口袋里。

伊顿公学的小男孩插嘴说:“一定和甜点的制作材料有关。”

“你错了，要证明那一点必须在吃的时候才可以。认真听我的条件。”

“首先我们要假定这个甜点不是一

个球体，而是一个平面圆形。在不伤及任何李子的情况下，如何分出大小形状完全相等的两部分。”

有人提出疑问说：“把甜点看成一个圆形面，这是什么原因？如此精确的分割是什么人的主意？”

“这只是一个和分割相关的小谜题。”人们看着这个谜题，但没有人给出正确解答。谜题在知道了甜点的制作原理时会变得比较容易。在了解制作过程时会更加容易。

194 七巧板悖论

本世纪，同象棋一样的好多古老的游戏都发生了翻天覆地的变化，以至于它们都被原来的发明者认不出来了。但是这样的情况，在经历了 4000 多年的七巧板身上从来没有出现过。这种娱乐活动在被中国分割为 7 部分后就再也没有改变过，当然也不曾被人们遗忘。取一个任意大小的正方形，然后在相邻的两条边 AC 和 CE 上分别标出中点 B 和 D。我们对切割方法不再多加叙述了，因为没有什么难度。这就是七巧板的组成。它们的组合方法有数不清的种类。

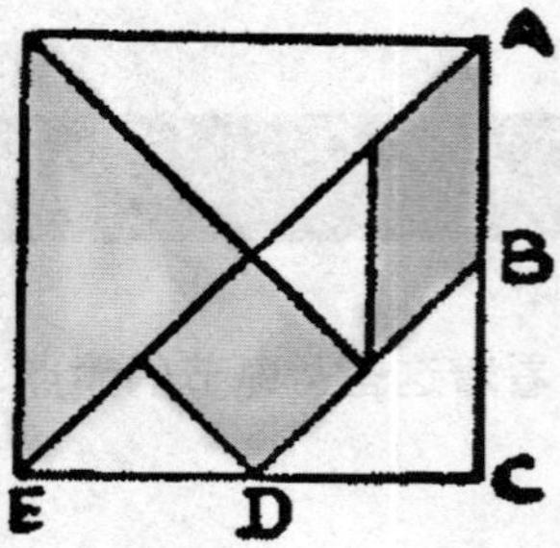

图 1

有一本小书是被早已去世的山姆劳埃德先生编排的，这本书里就有对七巧板的研究。中国在 2000 多年前的基督时代编译了 7 本七巧板的书籍，这些是最古老的书籍，这一些绅士的书籍里就有记载。这些书极为罕见，在中国居住了 40 年的他才看到了第一和第七两个完整的副本。其中一本的内容被一个英国士兵发现了，并且被他在金黄色的羊皮纸上印刷好后出售，这羊皮纸一度卖到 300 英镑。

一本《中国的时尚拼图》经刘易斯·卡罗尔库传到了我手里。里面记录的七巧板样式有 323 种，七块板子组成的图形总是有些柜似。出版这本书的是南德海洋图书馆，主编人是威廉斯。对于出版日期书中没有注明，可是我们可以根据注释进行推测，这当然只是个接近日期。“拿破仑在过去的几年中一直对这种娱乐活动情有独钟，如今，在其退位后，为了培养自己的儿子，他每天都会花上几个小时的时间。”读者不难看出，这娱乐活动还是有一定积极意义的。文章中的这些图案有复杂的，也有简单的。所有图片都是谜题。

图 2

图 3

图 4

根据原图创造出新的图形同样是一件令人高兴的事情。一些真实的生活图片被这些棱角分明的七巧板组合出来显得格外新鲜。图 2 横卧的人，棱角被磨平之后，优雅的姿态会更加令人欣喜。

图 4 和图 3，它们是帽子和兔子。图 5 是拿破仑的一个实验，图 6 和图 7 是十分出色的印度先生劳埃德和他的爱人。还有很多别的设计被刊登在 1908 年 11 月出版的一本杂志上面。

七巧板（tangram）一词就是在这篇文章发表时，被著名语言学家爵士穆雷发现的。他通过向他在天津中英文学院任教授的儿子，以及儿子的同事和学生等询问。以及经过自己学校的教授对知识渊博的中国公使馆代表询问找到了部分有用的信息。

图 5

图 6

图 7

事实证明，中国的文学、历史以及传统中根本不存在什么“tan”的人。这名字很多著名的人根本没有听说过。含义为绝妙的七图谜题或者是七个绝妙的图形的“qiqiaotu”是多数中国人对它的称呼。和 tangram 或者 tan 接近发音的词在中国根本没有。中文中的 tan——弹和广东方言 tang——唐也不过是和后者有些细微相似而已。tangram 这个词应当是对中文或者广东话有一点了解的英国人或是美国人提出的，他们抽取了某个词语的部分连同欧洲的词缀 gram 造出了这个谜题的名称。我看是 1847~1864 年间的美国人创作了这个词语，可它居然没有被记载入 1864 年以前的韦氏词典中。

我曾听几个记者说过，中国某本旧书上的第一页有个题词，有一句的意思是“有 300 多幅 tangrams（七巧板）的图案被收藏在里面。珍珠母制作的七块图案上都有着美丽迷人的雕刻。它们被放在一个正方形木盒里 。一个美国的绅士在自己的祖父那里继承到了这些书籍，这是最早一批进入中国的传教士的大伯父送给他祖父的。

我有份和七巧板有关的书籍拓本，这是一个要好的客户送给我的，它们的分割方法和我想

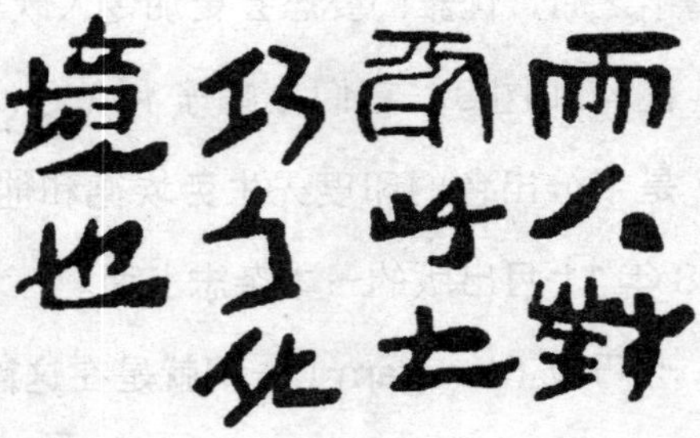

图 8

图 9

的一样，一眼就可以看出来。我对图 8 这个中文词语重视完全是因为下面的原因。我听书的主人说，他曾试图以 1 美元的价格来翻译这些文字，可很多美国华人都不接受这样的工作。他们给出的借口十分奇怪，这些题词是日语。可这些在日本人看来却是中文。七巧板的秘密是否被隐藏在其中？面纱真的不容易被揭开吗？关键在于有读者可以揭示出这些中国文字的含义。

更加美丽的图片我们通过几套七巧板共同拼凑出来。图 9 台球的图案千万不要寄给学院，这是一个朋友给我的忠告。在他看来，学院一定不接受这个图片，因为有很多规定束缚着鉴定者。他应当是对的，可是立体派和印象派或许会赞同这个图片。这个由 4 套七巧板组合出来的图片，里面有一个时钟、一个桌子、两个人。显示两个球员正在切磋球技。图 10 被我称作乐团。设计它是因为大型音乐厅的需要。指挥家、钢琴演奏者、超胖的短号乐手，形象逼真的双低音演奏者，肃静站立的鼓手男孩，钢琴的后面是一个深入倾听的欣赏者，千万不要以为那是只正在狂叫的狗。

好多超乎现实经由想象来的东西包含在七巧板里，这一点我们应当引起足够重视。就像图 11——贝琳达女士和图 12——荷兰女孩，任何人注视几分钟后都可以感受到前者傲慢和后者无理的神态。图 13 那个苗条的鹤腿让我们熟视无睹。其实，这些都是我们的想象。还有个带有桅杆形状的快艇——图 14。假如在一张白纸上带有

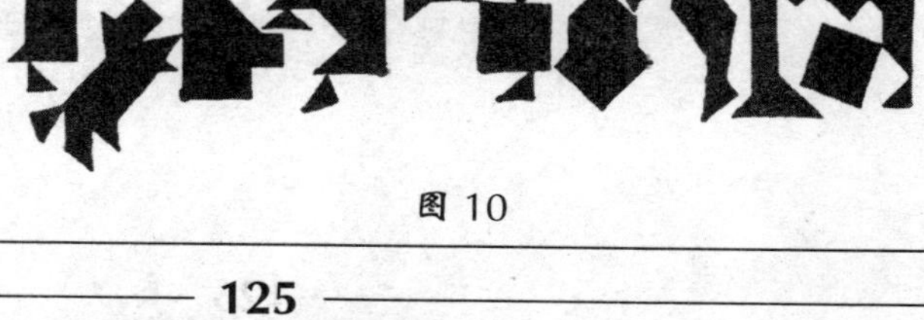

图 10

图 11

图 12

缝隙地摆放着这些七巧板，它们会有更加出色的表现，可这些在别的情形下都毫无用处。

下面的例子是些我们在对七巧板进行操作时或许会遇到的悖论，我们就以它们作结尾了。图 15 和图 16 是两个高贵人的图像，区别应当就是有脚和没脚。可这是被同一套七巧板拼出来的，怎么就多出了第二个人的脚呢？

图 13

图 14

图 15

图 16

第三节　拼图趣题

莎士比亚的《哈姆雷特》第三幕第四场中有这样一句话“撕成碎片和补丁。”

195 椅子垫

一个女士想要把一块如图所示正方形绸缎分为4份，之后使其两两组合做成两个正方形垫子。里面这些正方形图案不能被毁坏，她应当怎样做呢？你能告诉她吗？

196 旗子的组合

如图所示是个缩小版的旗子，上面有两个小狮子，这是一个女士家的。女士想把它重新分割组合成两面正方形旗子，并且小狮子分在两面旗子上面。

解决这个问题，最少要分出4部分才可以，具体应当怎么做呢？千万不能把小狮子切坏了，否则罪过不轻。所有材料都不能浪费。只要方法找对了，你会发现这是个十分简单的谜题。一定不能忘记旗子是正方形，当然大小可以有区别。

197 斯麦莉夫人的圣诞礼物

斯麦莉夫人非常高兴，她收到了一份特殊的圣诞礼物，那是6个孙女亲手为她制作的棉被。棉被由好多大小相等的正方形丝绸布料构成。组成被子的正方形一共有196个，每条边的个数是14。6个孙女制作的都是正方形，在向一起拼

接的时候，必须把一个人的分割成三部分，否则最后出不来正方形。在不翻转任何绸料的情况下，你知道怎样拼接吗？

198 被子的分割

如图这是个由 169 个小正方形组成的正方形大被子。问题是，请找出组成这床被子的最少正方形数量。并且说出组合方法。也可以说，把大被子顺着小方格边缘裁出尽可能少的正方形。

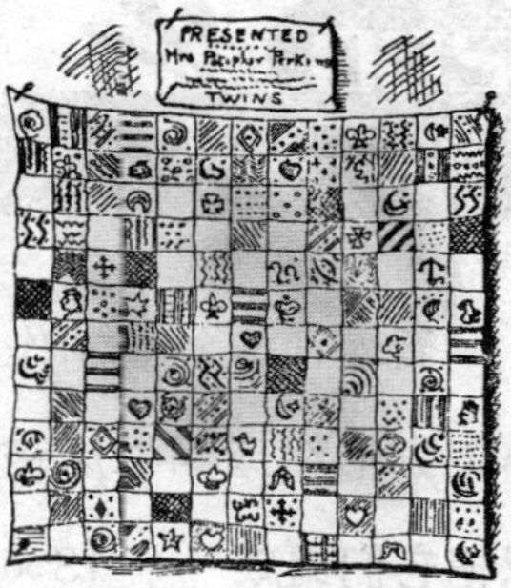

199 正方形的绸缎

如图，这两块正方形绸缎布料是我在一位女士家里看到的，我当时是去交电话费的。它们的工艺设计相同，图案都比较雅致，真不愧为东方工艺品的代表作。

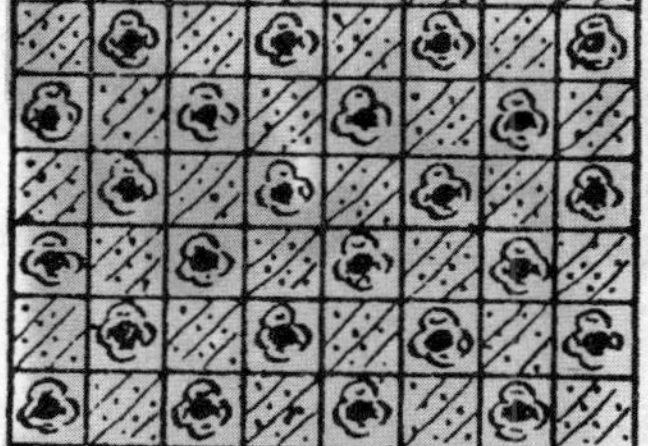

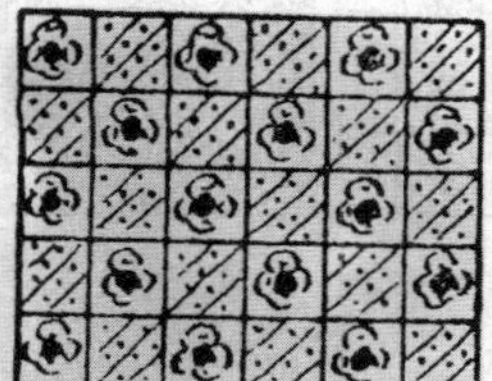

“它们是不是十分美丽？这是印度归来的堂兄送给我的。我这会儿要把它们做成一个大正方形垫子，为了节约布料，我应当

怎么做，你是不是可以帮帮我？当然，裁剪的时候最好顺着这些方格图案的边缘划分直线。”

依照她的要求，两块布料被我分成了4部分，然后组合在了一起，四个图必须完全匹配。最后居然有两个包含的方格数目是一样的，也就是大小相等。你可以依据这些条件找出裁剪的方法吗？

200 又一个被子问题

看着两床丝绸制作的被子，三个女士相互谈论着。可以看出来，都是些小正方形组成了两床被子，一个是12×12，另一个是5×5。有个女士说可以把它们组成一个13×13的大被子，当然面积是不会变小的，不过是顺着缝线进行切割，最后重新组合而已。另一个朋友说最多也就分成4部分，这个小小的裁缝问题，你知道如何回答吗？

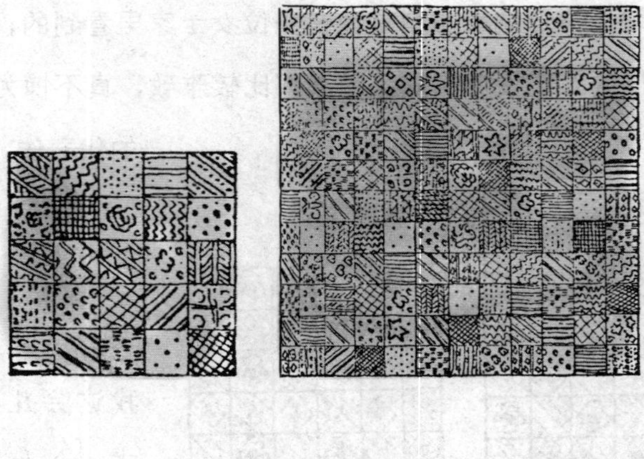

201 分割油毡

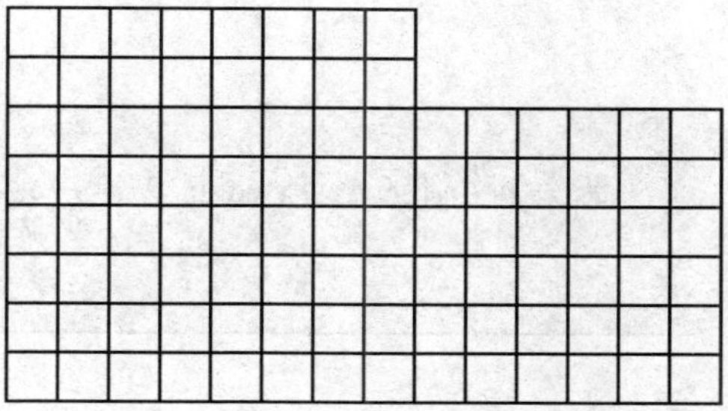

如图是两块正方形的油毡，它们分别是 8×8 和 6×6，不能翻转使用，因为两面图案是有区别的。问题是怎样把两个正方形分成 4 部分重新组合成一个 10×10 的大正方形。图案的匹配一定刚好合适，并且较大的油毡分割块数要尽可能少。

202 油毡问题

如图，怎样把这块油毡分成 4 部分，之后重新组合成一个大正方形，当然分割的时候一定要沿着图中的直线。

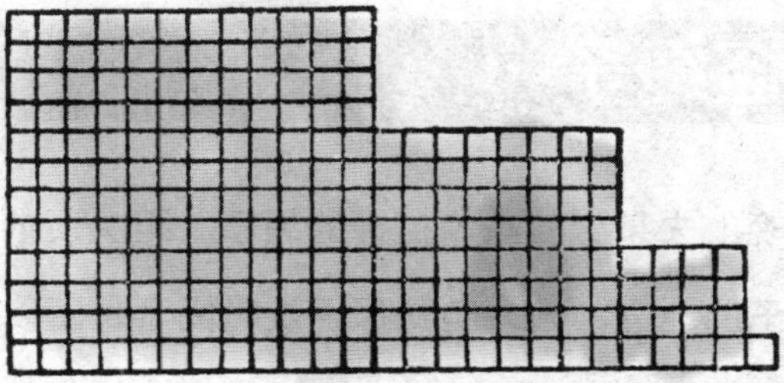

第四节　几何杂题

马克·阿肯赛德曾经说过这样一句话："人类的爱好无奇不有。"

203 纸箱的大小

这是个简单谜题，可对其规则的寻找十分有意思。一个顶端120平方英寸，正面80平方英寸，侧面96平方英寸的长方体纸箱。你是否可回答这个纸箱真实的大小。

204 偷盗绳子

两个男子一天晚上去某个教堂偷挂钟的绳子。距头顶很高的天花板上有个洞，那就是穿绳子的地方，因为爬到那里没时间了，所以小偷就把头顶的绳子割断了，于是被摔成了重伤。"如此笨拙的人，摔伤是一定的。"这是他同伙话。他要他的同伴和他学，割断绳子的时候一定要用手拿好绳子的正下方。可是他同样没有好的报应，同样摔下去了，因为他把力气都用完了。手脚全断的他们被发现已经是第二天早晨的事情了。他们掉下来的地方是多高呢？刚好有根绳子接触了地面，这根绳子被拉过来后接触到墙面，这样距离地面是 3 英寸高，另一端距离这面墙是 4 英尺。绳子的长度是多少？

205 平均分地

读者对这个图一定不陌生。这块正方形土地是被某人拥有的。阴影部分分给了自己的爱人，其余四个孩子均分，并且要求大小形状相同。故事的曲折部分有些人不清楚。里面的黑点是一口井。由于这口井被分到了阿尔弗雷德的地里，所以本杰明、查尔斯、大卫都怨声连连。假如要所有人在使用水井时都不必经过别人的土地，并且还要每个人分到的大小形状都相同，应当怎样分配？

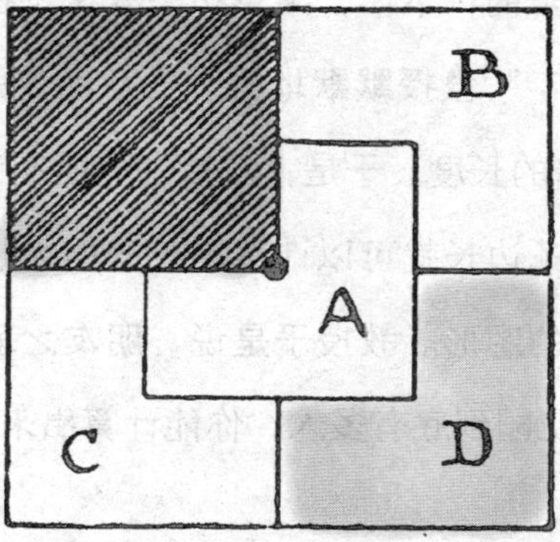

206 火车站的距离

车厢里，一个受人敬仰的绅士正在和自己的朋友们快乐的交谈着。

一个朋友问到：“从你的家要走多远才能到达火车站？”

绅士的回答是：“15 英里是苹果地车站到大桥的距离，而我家到苹果地车站的距离就等于大桥到我家的距离。距离我家相等的苹果地车站和达卡特顿车站相隔 13 英里。所以，我选择车站的机会很多，毕竟三个车站都和我家距离相等。

大桥到达卡特顿车站的距离是 14 英里。其实绅士出发站并不重要，距离很容易计算出来，你知道车站和他家的准确距离吗？

207 花园的大小

在一个熟人花园里的树下面，莱克布恩教授正在吸烟。“这个花园怎么没有笔直的四面墙呀？”教授默默地说。他从朋友那里得知，45、100、63 和 80 分别是这四面墙的长度。于是，教授告诉朋友说，他知道花园的大小。朋友不相信，单凭四条边长就可以计算出花园的大小，因为同样长度的四条边可以围出不同面积的图形。教授于是说，朋友之前曾告诉他说四个角落和这棵树的距离相等。花园到底有多大，你能计算出来吗？

208 螺旋的画法

转动一张水平放置的纸张，似乎中心一同转动，这一点你可以细心观察。这个小小的视觉幻影，好多读者心里都清楚怎么回事。可螺旋怎么画是我将要面对的问题，除了圆规和画纸，其他工具我一概没有。假如是你，应当怎么办?

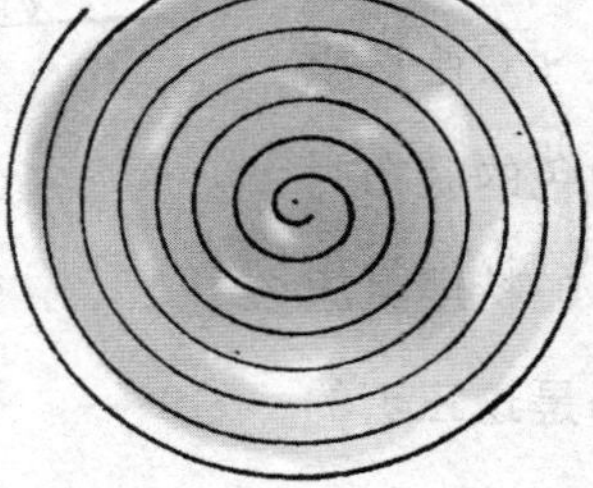

209 画椭圆的方法

你可以仅仅利用一个圆规就把完好的椭圆画到一张纸上吗?在不了解情况时一定觉得非常难做。

210 圣·乔治的旗子

如图所示，这就是圣·乔治的旗子，一个红色十字架被一块白底布面衬托着。这是我在圣·乔治国庆那天看到的，我对这面旗子太熟悉了。白色的圣·安德鲁十字架被蓝色的底布衬托着，那是苏格兰的圣·安德鲁旗子；相似的红十字架被白色的底布衬托着，那是爱尔兰的圣·帕特里克旗子。我们联合王国的旗子是这三者的结合体。

我的谜题就出自圣·乔治旗子。我们设3英尺 ×4英尺是这面旗子的大小，在十字架的宽度为多少时白色部分和红色部分的面积相等。

211 晾衣绳的高度

两根晾衣绳被一个小男孩分别交错系在了一个柱子的顶部和另一个柱子的底部。随后小男孩把这样一个问题抛给了父亲，假如两个柱子的高度分别是5英尺和7英尺，两根绳子的交点和地面的距离是多少?

212 挤奶工的问题

这个谜题是和田园生活相关的，读者在刚刚接触的时候一定会感到十分困难，他们往往以为要大量计算才可以。还有的认为要得出正确的结果，必须给出准确的距离。其实这些都是不必的。

我们看到有个挤奶工正在牧场的角落里，处理好的牛奶在另一个角落的奶制品店出售。可是挤奶工在挤完奶后，总是拎着桶去河边。我们其实不需要了解这里面的根本原因，反正只有本地消费这些牛奶。

“请问，你这是去哪里？”

“我是去小河边。”

“你的奶制品，我不会选择使用。”

“无所谓呀！”

对此事毫不在乎的回答，所有人兴趣都被勾起来了。还是先看谜题吧，商业道德问题不是我们要讨论的。

挤奶工从凳子到奶制品店，走出的最短距离就是把两者都和小河用直线连接起来。那么，我要问的是河边的哪个点会使得这个距离最短？

213 球的大小

石匠正在加工一些球，这是为建筑物装潢用的，一个聪明的男学生走了过来。

于是，石匠和这个男学生说："年轻人，看你这个人一定非常聪明，瞧，假如所有球都要相互接触，在同一平面内，这个球的四周可以放多少个球，你能告诉我吗？"

男孩立刻把正确的结果告诉了他，随后问了石匠一个小谜题。

"你可知在这个球的直径是多少时，它的体积和表面积同样大。"

对于小男孩提出的问题，石匠没有回答，你知道是多少吗？

214 出售土地的面积

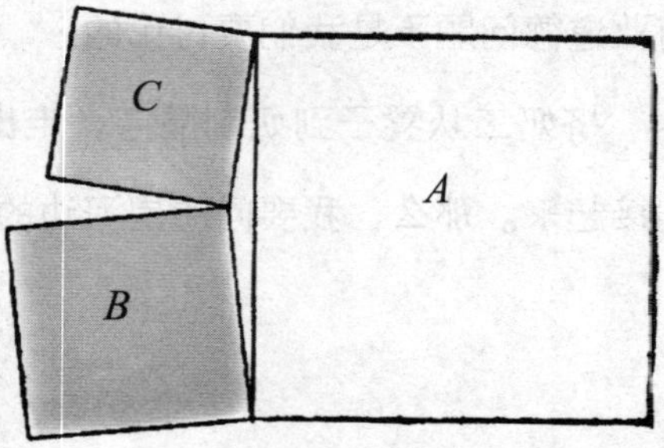

我正要对约克郡的一个大城镇进行访问。一个人在我即将进入火车站的时候，把一张宣传单用力塞到了我手里。进入车厢后，我利用空暇时间把它看了一遍。约克郡就要对三块彼此相连的正方形土地进行拍卖，如图所示，A、B、C三个地块的大小分别是370米^2、116米^2、74米^2，这些都是传单上的内容。

可是，让我充满好奇的是中间不参加拍卖的三角形地块，它的面积是多少？

215 武泽土地的大小

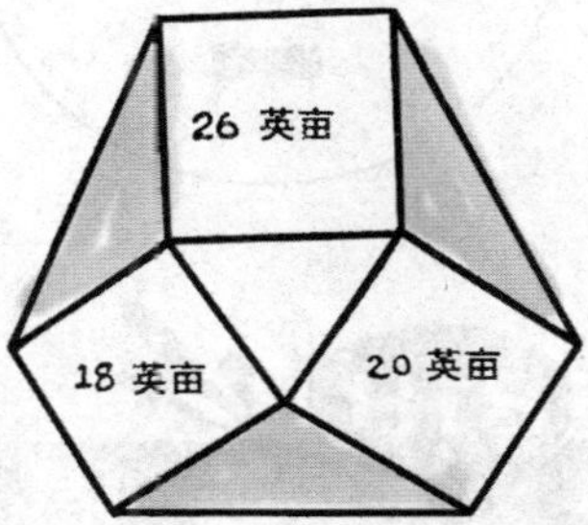

接下来这个谜题同样和土地有关。我要把十分有趣的证明过程告诉大家。

如图，武泽有三块面积分别是18、20和26英亩的正方形土地，他又购买了四块三角形的土地，这样他的土地就连成了一片，可以在四周围上栅栏。问题是整块土地的面积是多少？

注：英亩是一个面积单位，1英亩≈4046.865平方米

216 一轮新月

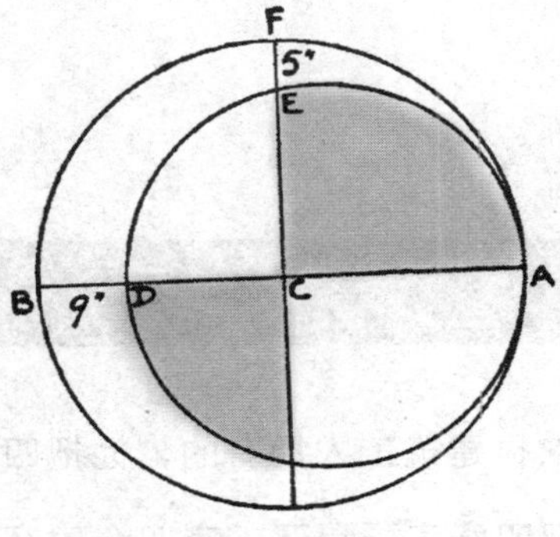

下面的几何谜题不是很难。如图两个圆共同构成了一轮新月，大圆的圆心是点C。新月的宽度EF为5英寸，BD为9英寸，问题是两个圆的直径分别是多少？

217 建造围墙的方法

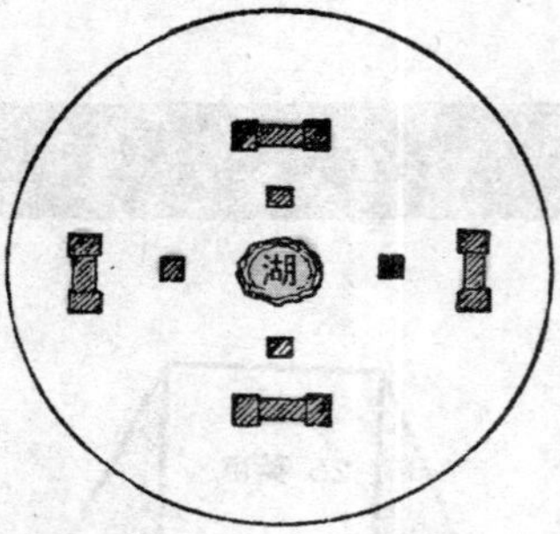

如图所示，在一个小湖的四周，四个贫穷的孩子建造了四座小屋，之后，四个富有的孩子也建造了四座豪宅。四个富人经过商议决定共同修建一圈围墙，为的是独占小湖。要达到下面的目的应当怎样修建，第一，四个穷人绝对不允许进入小湖，第二，围墙要尽可能短，第三，四个富人都能自由进入小湖。

218 羊 圈

一些供人消遣的小书上总是刊登一些难题的解答，可是出版将近 50 或者 100 年后居然还是不正确的，这真是个怪异的现象。这些不正确的地方居然没有人发现。例如下面的谜题。农民拥有一个可以容纳 100 只羊的羊圈，用去栏杆 50 根。假如他想把羊圈扩大到可以容纳 200 只羊，那么栏杆还要增加多少个根?

219 围墙的修建

这块被砖墙围绕的圆形土地是一个投机的农村建筑工人拥有的，他把四座房子建设在了上面，同时还要建设三面墙，把四座房子隔开。应四个房客的要求每个人都应得到同样大小的院子，并且墙的长短相等，便于栽种果树。为了满足三个房客的要求，三面墙应当如何修建？

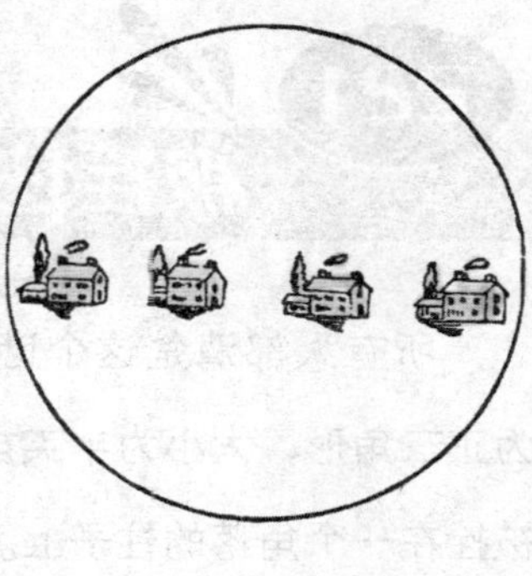

要得出相等大小的院子和长短相同的墙，首先要把四个院子全部围起来。不一定要数字说话，只要解答合情合理就可以了。

220 贝琳达夫人的花园

有位热情洋溢的艺术家，她的名字叫做贝琳达。下面是一个和她有关的谜题。她有一个用高高的冬青篱笆围起来的花园，花园是长方形。为了培育上等的玫瑰，她打算把这个花园建设成玫瑰园。其中种花面积要达到$\frac{1}{2}$，其余用来修建小路，小路的大小是固定的。花园的形状如图所示，条件极其简单，有关花园的建设，她该如何打算呢？她仅有一把卷尺。而且工作特别艰难，因为冬青篱笆又厚又密。对于花园的准确尺寸，琳达夫人根本不知道。其实这根本无所谓，我同样不清楚。这个任务根本不受花园大小和比例的影响。可是能够完成这个任务的又有几个人呢？要完成这个任务根本不需要多么精确的测量，一把卷尺完全可以。

221 被拴住的山羊

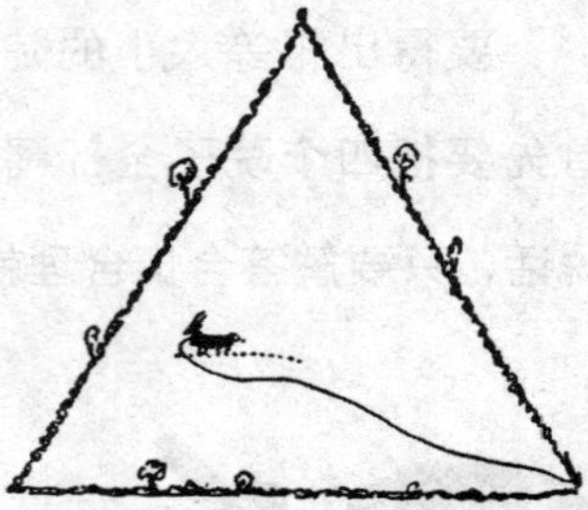

所有人都清楚这个谜题的解答。在一个形状为正三角形，大小为半英亩的草地上，有一只山羊被拴在一个角落的柱子上。请问，要多长的绳子，山羊才可以吃到$\frac{1}{2}$的草。我们默认绳子最远处的草山羊都可吃得到。

222 棍子的摆放

有 8 根棍子，其中 4 根是另外 4 根的 2 倍长，我应当怎样摆放才能使它们在桌面上形成三个大小相等的正方形，注意：它们的首尾一定要连接。

223 爸爸的困惑

提出这道谜题的是生活在 3 世纪末期亚历山大时期的帕普斯，这道谜题记录在《数学汇编》第八本中的第五题。我以爸爸的困惑的形式把它介绍给读者，主要想看看这个当年只有帕普斯解决的问题，如今有多少人可以给出答案。“小女孩的爸爸从一块硬纸板上剪掉了两个大小不等的

正方形，如图所示，他随后用绳子悬挂此时纸板上的一点 A，使纸板刚好保持水平状态。于是，爸爸要自己的女儿找到另外一块纸板上的点 A，使其在被剪掉这一部分后刚好保持水平。”注意，要找到这样一个点，不能用反复试验的办法。这个点十分奇妙。不知道读者朋友能否找到这个点呢？

224 风筝线的长度

英国东南部的草原举办了一场放风筝比赛，我们的朋友哈弗尔教授硬拉着我一起参加了比赛，当时我被一个计算吸引了，相信读者朋友们同样会被吸引。风筝线在卷轴上的形状刚好是完美的圆形，直径是 2 英尺，而 $\frac{1}{100}$ 英寸是风筝线的直径，你是否可以计算出风筝线的长度呢？

但很多人都被这道不太难的题目难住了，他们无法回答。大概结果无需用任何数学计算。我们可以假定缠绕的风筝线没有任何缝隙。读者们是否能找出捷径并告诉我答案呢？

225 蓄水池的制作

如图，我的朋友有很多 8×3 大小的锌板材，他要用它们做成蓄水池，制作方法为从四个角裁掉大小相等的四个正方形，之后在把四周折起来，然后焊接在一起。这个正方形的尺寸是多少时才能使这个蓄水池的盛水量达到

最大。正方形太小，蓄水池就会非常浅，太大，就会变得又窄又高。怎样切才合适呢？

226 圆锥的切割问题

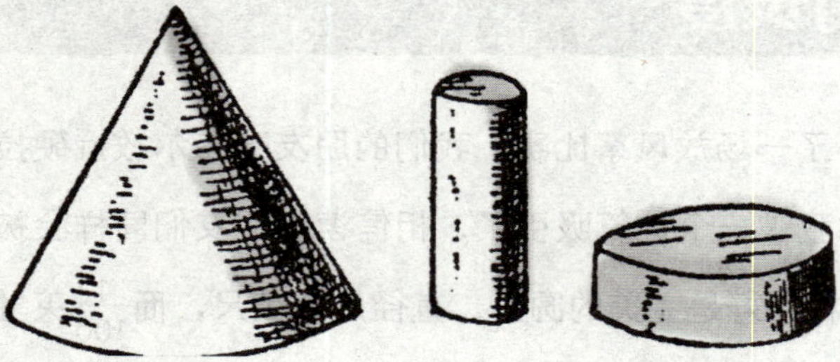

图 1　　图 2　　图 3

有个木质的圆锥，如图 1 所示。我想要得到一个尽可能大的圆柱体，应当如何切割？图 2 和图 3 是我切出来的，一个又细又长，另一个又矮又胖。可它们并不是最大的。这类切割有个规律，如果这一规律被小孩掌握了，他都可以告诉你如何切割，请问你知道如何切割吗？

227 轮子问题

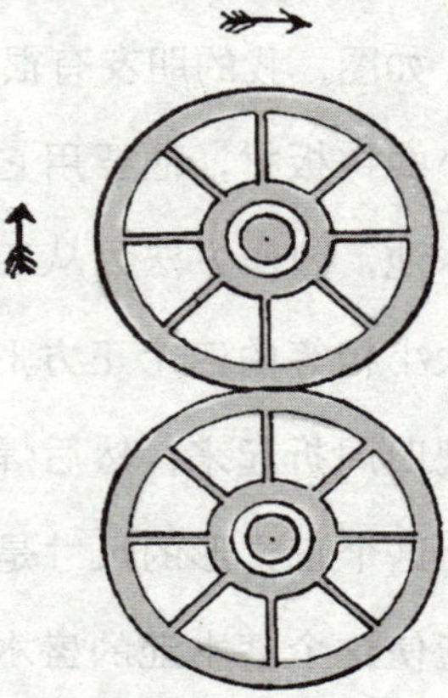

初学者会对轮子运动的事实困惑不已。一列原本从伦敦向布鲁克行驶的火车，其某些部分居然在随意设定的条件下设成了从布鲁克向伦敦行驶的。这些部分在哪里，你可以告诉我吗？同一列火车的某一部分居然在某个时刻向相反的方向运动，这太奇怪了！可是这是事实。

正如图中的两个轮子中，下面的轮子被我

们假设为固定的，而上面的轮子则会绕着箭头所指的方运动。上面的轮子绕着下面轮子的转动时候，当下面的个轮子旋转一周时，上面的轮子转动了多少周？为了避免出错，请不要急于回答。你可以先做一个实验，用2便士的硬币就可以进行这个实验。你对实验的结果一定非常吃惊。

228 全新的火柴难题

如图所示，18根火柴围出两个长方形，其中一个面积是另一个面积的$\frac{1}{2}$。对这些火柴重新排列，第一，使形成的两个四边形中一个的面积是另一个面积的$\frac{1}{3}$；第二，有两个五边形出现，其中一个的面积是另一个面积的$\frac{1}{3}$，所有的火柴在任何时候都不可以浪费，并且要首尾相连。请说明该如何排列？

229 6个羊圈

这个小火柴的谜题比较新颖。这是农民的栅栏围成图的形状，这是六个大小相同的羊圈。可是，一个小偷偷走了一

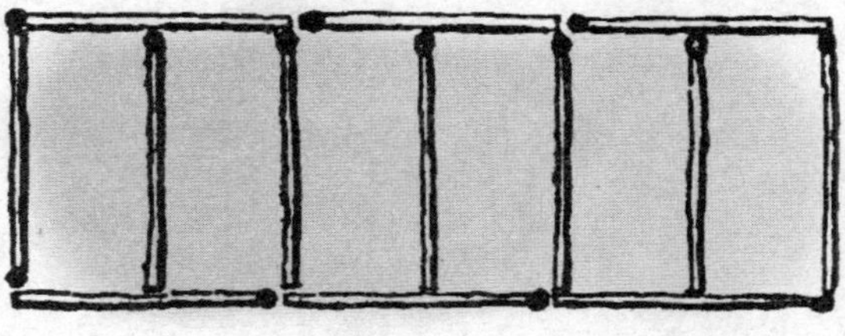

个栅栏，只剩下了 12 个栅栏，可农民仍然想围出六个相同的羊圈。他要把这12 个栅栏都用上，并且想保持这些栅栏首尾相连，他应当怎样围出这个羊圈？

230 奇怪的圆规

一个谜题原本不怎么难，可是把一些附加条件或限制添加进去后，它就变得不是那么容易了，这个现象很有意思。想当年益智玩具曾经风靡一时，我也曾买过。其中有个带有许多孔的徽章，徽章里面有个没有密封的圆在不同的孔之间移动，之后最终分离出来，这是游戏的技巧。这个游戏的技巧马上被我掌握了，我在路上走的时候仅用一只手就把圆圈拿出来，然后将圆圈放衣兜里。有个朋友看完我的玩法后马上学会了，经过几天的练习，他也熟练掌握了这个游戏的技巧。再次和我相遇后，他还表演给我看呢。但是我拿过他的徽章后，只用两根手指，摇晃一两下，就把圆圈弄了出来，这让他很吃惊。由于条件限制，很多读者可能不能完成下面的演示。

如果尺子、铅笔等工具都不允许使用，唯一能用的就是圆规，你是否可以把直线的中点找出来。当然，一些折叠纸张和一些骗人的手法就不要用了。请一定要严格遵循圆规的使用规范。

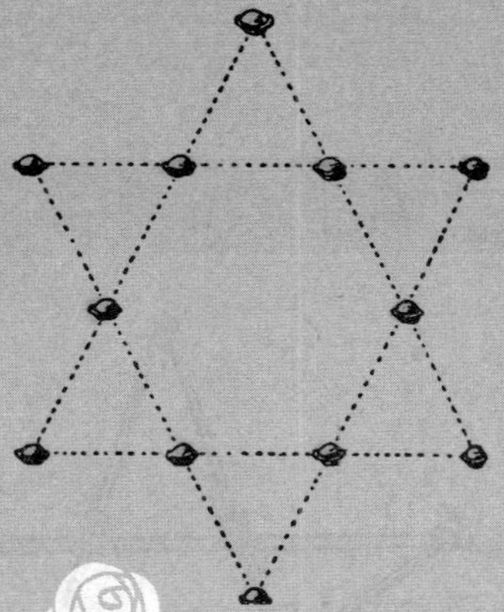

第三章

和点、线相关的谜题

“对行线、线和线相对，这、那各一点。”

——伊萨

点和线的谜题在许多人看来十分有趣。艾萨克·牛顿先生曾经给我们展示过我们最熟悉的情形——将9棵树合理进行种植，使其最后的排列满足每行3棵，共计10行。我买过的一本少见的小说——1821年出版的《冬夜里的理性娱乐》，这本书的作者是约翰·杰克逊，它里面就收集了这类谜题，那应是最早收集这类谜题的一本书。对于成行种植树木的谜题，作者给出了10个。

真正的“难题”总是充满迷惑，之所以称它们为难题，是因为迄今为止，没有一个答案简洁并能形成定论。它考的是我们的思考路径、思想见解，以及我们解题的耐性，甚至有时候还会考考我们的运气。解答这类谜题的要点或许会在某一天被某个天才发现。解这类题时一定要牢记，必须把这些树木看作是单纯的点，只有这样，我们的图形才存在着唯一性，不会出现多个答案。

231 国王的堡垒

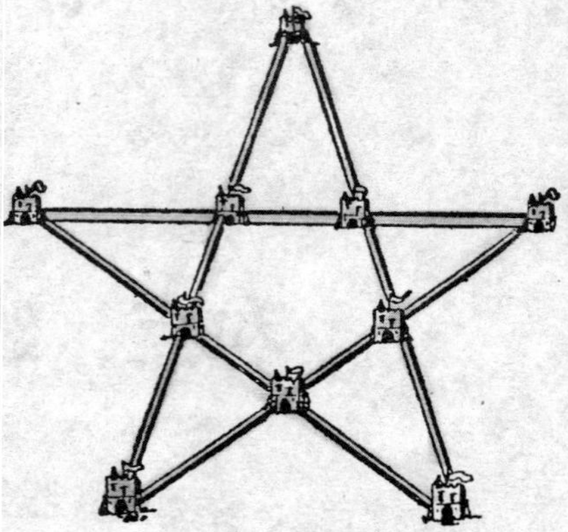

远古时候有一个国王，他总是在军事建筑上充满的稀奇古怪的想法。他时常为蜜蜂建造的正六边形巢穴为例子来说明自己的想法——一个国家的强大离不开经济，正确无误。他决定建 10 座城堡，并且要这些城堡和城墙相连，且 4 座城堡一排，一共形成五排。后来国王在看完了皇家建筑师们呈上的方案后，再次提出条件，他要使得尽可能多的城堡圈在城墙里面，这样这些城堡可以免受外来袭击。设计师们认为根本行不通。可是他们很快在国王那里得到了启发。为了满足国王的要求，他们应当怎样建设这些城堡呢？一定请牢记，4 座城堡一排，一共 5 排。

232 果树园子

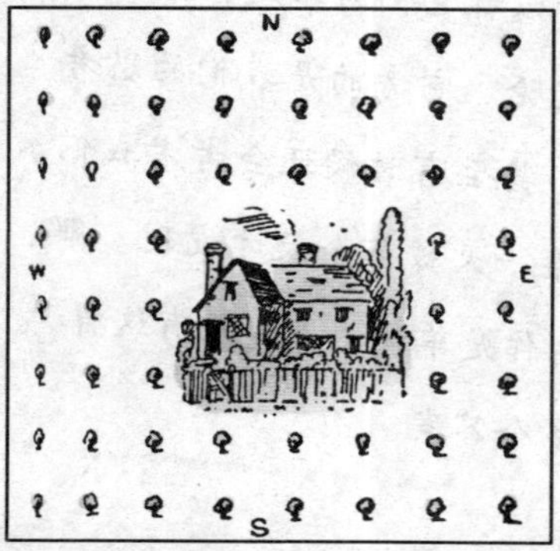

如图是个果园的平面图，果园里面包围着一个村舍。我们要在这个果园里面种一些树，有 10 棵李子树，10 棵樱桃树，剩下的种苹果树。而李子树和樱桃树的种植情况相同，都是每行 4 棵，一共 5 行。同时果园的东侧和北侧应当少种李子树和樱桃树，这是为了使果树们能更好地接受阳光。请问我们应当怎样种植这 20 棵树？当然，在同一行的 4 棵树中间可以有两颗别的树或者房子，我们的题目会因为穿插安排而降低难度。

233 种树的问题

这是个正方形的种植园，里面种着 49 棵树，可是有四棵树被大风吹倒挪走了。种植园的主人留下 10 棵树，其余的全都砍掉。并且要求剩下的 10 棵树，4 棵一排，一共 5 排。他应当怎样留这 10 颗树？

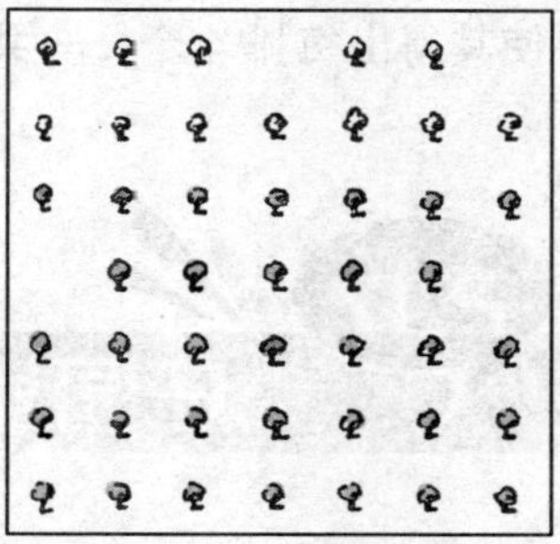

234 21 棵树

有个绅士想把自己的 21 棵树种植在公园里，他应当怎样种植才能满足每行 5 棵，一共 12 行的条件。

235 十枚硬币

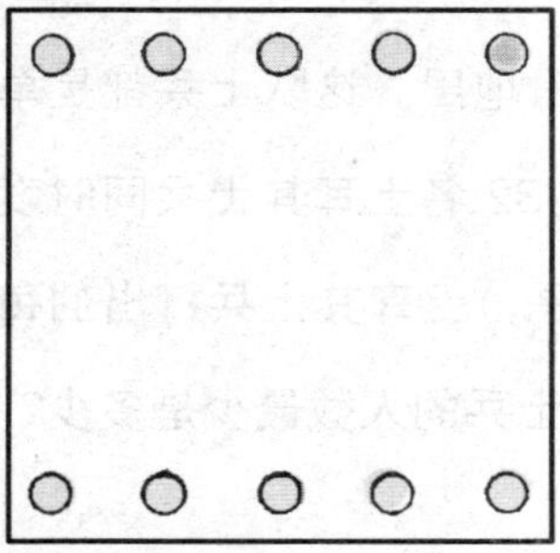

在一张纸板上放上十枚硬币，如图所示。5 枚一排。在只移动其中 4 枚硬币的情况下，如何使它们排列成每排 4 枚，一共 5 排的情形。题目本身十分容易，可是我们应当试着把所有不同的方法都列举出来。

236 肉饼的排列

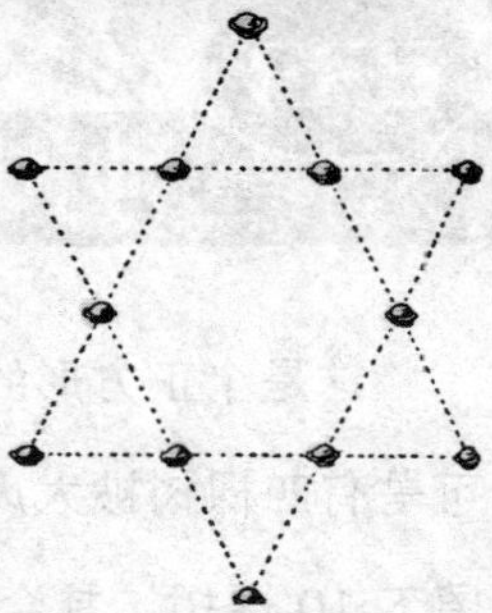

如图所示，桌子上放着 12 快肉饼，每排 4 个，一共 6 排。我们应该对其中的哪四块肉饼进行移动，使其得出每排 4 个，一共是 7 排的结果？

237 庄园里的树木

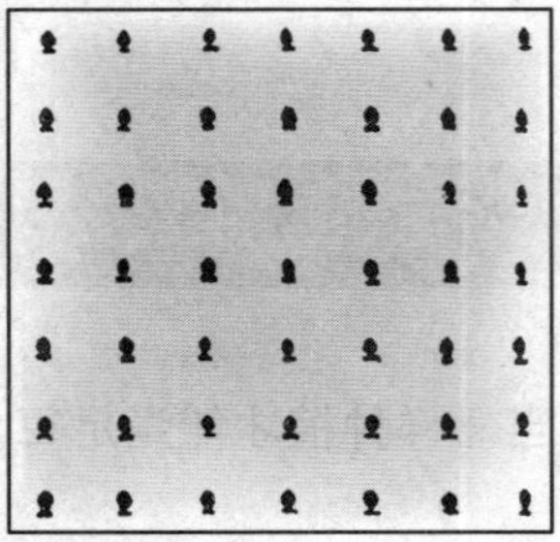

不久前，一位随军牧师从缅甸的庄园给我寄来一封信，他告诉我一个小谜题，我刚好把这些小谜题作为娱乐打发行船时的寂寞时光。

谜题如图所示，有 49 棵树整齐地排列在一个庄园里。我们应当如何保证砍掉 27 棵树之后，其余的树 4 棵一排，并且排数要达到最多？

238 战斗中的俄国人和土耳其人

二百多年前有一天，有一队俄国士兵正驻扎在田地里。这队士兵都是单兵岗哨。突然他们周围出现了 32 名土耳其士兵，这 32 名土耳其士兵同时发起进攻，他们每个人打出了 1 发子弹，令人难过的是，土耳其士兵打出的每 1 发子弹都同时打中了 3 个彼此不同的人，请问俄国士兵的人数最少是多少？俄国士兵和土耳其士兵伤亡的情况是怎样的？

参考答案

001. 邮局里的难题

妙龄美女递给绅士的 1 便士、2 便士、2.5 便士的邮票张数分别为 30 张、5 张、8 张，这个与绅士 60 便士的花费十分对应。

答案提示：假设价位为 1 便士、2 便士、2.5 便士的邮票分别是 $6x$ 张、x 张、y 张，于是得出 $6x+2x+2.5y=60$，即 $8x+2.5y=60$，等式中的 x、y 必须是整数，并且 $0 < x < 8$。

由 $8x+2.5y=60$，

推出 $16x+5y=120$

$\therefore y=(24-3x)-\frac{x}{5}$ 得出 x 必须是 5 的整倍数，

因此，$x=5$，从而求得 $y=8$，1 便士、2 便士、2.5 便士的邮票分别为 30 张、5 张和 8 张。

002. 早熟的少年

用 x 便士表示一根香蕉的价格，y 来表示购买香蕉所用的 6 便士硬币的数量，

所以得出方程：$16\times12\times12x=6y$

得出 $xy=\frac{5\times240}{2}$

由此可知 5 英镑可以购买到 960 个香蕉。

用代入消元法，得出 x 为 1.25，y 为 480，所以每根香蕉的价格是 1.25 便士。由此可知而 5 英镑可以购买到 960 个香蕉，480 个 6 便士可以购买的香蕉数是 2 304 根。

003. 牲口市场上

对于这个题目，我们可以用方程来解，具体解题过程如下：假设 x 为哈吉所带的牲畜数量，y 为杰克斯所带的牲畜数量，z 为杜瑞特所带的牲畜数量。由此得出方程：

$$\begin{cases} 2(x-5)=y+5 \\ 3(z-13)=x+13 \\ 6(y-3)=z+3 \end{cases}$$

解方程组，得 x 为 11，y 为 7，z 为 21。

因此，去牲畜市场之前，哈吉所带的牲畜数量为 11，杰克斯所带牲畜数量为 7，杜瑞特所带的牲畜数量为 21。

这个题目还可以用逻辑推理完成，过程如下：

哈吉以 6 头猪换取杰克斯的一匹马，然后，杰克斯的牲畜数量变成了哈吉的 2 倍。也就是说，哈吉原来牲畜数量的 2 倍是杰克斯牲畜原来的数量加上 15；杜瑞特以 14 只绵羊换取哈吉的一匹马，这样，哈吉的牲畜数量就变成了杜瑞特的 3 倍，所以，杜瑞特原来牲畜数量的 3 倍值就是

哈吉原来的牲畜数量再加上 52；杰克斯以 4 头奶牛换取杜瑞特的一匹马，这样，杜瑞特拥有的牲畜数量就变成了杰克斯的 6 倍，所以，杰克斯原来牲畜数量的 6 倍是杜瑞特原来的牲畜数量加上 21。由此得出，在去牲畜市场时，哈吉所带的牲畜数量是 11，杰克斯的牲畜数量是 7，杜瑞特的牲畜数量是 21，总数是 39。

004. 宴会谜题

这个问题可以用方程求解，过程：我们用 x、y、z、w 先令分别代表修鞋人、裁缝、做帽子的、做手套的人的花费，得出方程：

$4y=5x$，$9z=12y$，$8w=6z$

推论得出，$4w=3z=4y=5x$

也就是

$12w+18z+20y+25x=6\times 20+13$

解方程得出，w 为 1.75，z 为 7/3，y 为 1.75，x 为 1.4。

因此，21 先令是做手套的人的花费，42 先令是做帽子的人的花费，35 先令是裁缝的花费，修鞋人的花费与裁缝的花费相同。

解答此题，我们同样可以使用逻辑推理

8 个做手套的人的花费等同于 6 个做帽子的人的花费。同理，12 个做手套的人的花费等同于 9 个做帽子的人的花费；而 9 个做帽子的人的花费等同于 12 个裁缝的花费。同理，18 个做帽子的人的花费等同于 24 个裁缝的花费；再有，4 个裁缝的花费等同于 5 个修鞋人的花费。同理 20 个裁缝的花费也等同于 25 个修鞋人的花费，也就是说 12 个裁缝和 12 个做手套的人的花费同样多。所有员工都用裁缝代替，6 英磅 13 先令 =133 先令，133 ÷ 76=1.75(先令) 6 英磅 13 先令所以说，这 6 英镑 13 先令相当于是被 76 个裁缝花费完了，从而得出 1.75 先令是每个裁缝单人的花费。推理得出：35 先令是裁缝们的总花费，修鞋人的花费和他们同样多，也是 35 先令；42 先令是做帽子的人的花费，而 21 先令是做手套的人的花费。6 英镑 13 先令是总共的花费。

005. 奇妙的境遇

往常的书中对这一类谜题的求解都利用逆推法。这里告诉大家一个简便解法：假如参加游戏的人数为 n，最后相同的钱数为 $m(2^n)$，设 g 为最后一个赢得游戏的人开始的钱数，即可得出 $g\times 2^{n-1}=\frac{m\cdot 2^n\cdot(n-1)}{2}+m(2^n)$，经过计算得出，$m(n+1)$ 为最后一个赢得游戏的人开始的钱数，而 $m(2n+1)$ 为倒数第二个人的开始钱数，$m(4n+1)$ 为倒数第三个人开始的钱数，$m(8n+1)$ 为倒数第四个人开始的钱数……最后，$m(2^{n-1}+1)$ 是首个赢得游戏的人开始拥有的钱数。

在这个谜题中，n 的数量是 7，所以根据所有参加游戏的人最后的钱数——2 先令 8 便士，得出，$m(2^7)=32$，求出 $m=\frac{1}{4}$，参加游戏的七个人开始拥有的钱数，依照赢的先后顺序分别是$\frac{449}{4}$便士、$\frac{225}{4}$便士、$\frac{113}{4}$便士、$\frac{57}{4}$便士、$\frac{29}{4}$便士、$\frac{15}{4}$便士、2便士。

006. 捐赠遗嘱

让我们假设教区的穷苦男人有x个，女人有y个，得出$30x+18y=660$，推出$5x+3y=110$；其中x、y都必须是整数，我们可以得出六种不同的分配方式，列表如下：

男人数	女人数
4	30
7	25
10	20
13	15
16	10
19	5

007. 留给妻子的遗产

我们可以用方程解出答案，计算过程如下：

假设x为妻子最后分到的钱数，即可列出方程，$x+2x\times4+3x\times5\times2=8\ 000$，计算得出205英镑2先令$6\frac{10}{13}$便士是妻子最后分到的钱数。

解答这个问题，我们还可以用推理的方法：

每个女儿应当分到妻子所得钱数的2倍，那么4个女儿分到的钱就是妻子的8倍，而每个儿子分到的是女儿的3倍，那么每个儿子分到的钱应当是妻子的6倍，5个儿子分到的总数是妻子的30倍，这相当于39倍的妻子的钱数就是8000英镑。从而得出205英镑2先令$6\frac{10}{13}$便士是妻子应当分到的钱数，而1 230英镑15先令$6\frac{8}{13}$便士是每个儿子分到的钱数，410英镑4先令$13\frac{7}{13}$便士是每个女儿应当分到的钱数。

008. 独具一格的善举

我们假设x是绅士口袋里的钱数，那么，$\frac{1}{2}x+1$便士是首个乞讨的人得到的，绅士口袋里剩余的钱数是$\frac{1}{2}x-1$便士。下面一个乞讨的人得到的是$\frac{1}{2}(\frac{1}{2}x-1)+2$便士，$\frac{1}{2}(\frac{1}{2}x-1)-2$便士是此时绅士口袋里剩余的钱数，最后一个乞讨的人得到的是$\frac{1}{2}\{\frac{1}{2}(\frac{1}{2}x-1)-2\}+3$便士，所以，$\frac{1}{2}\{\frac{1}{2}(\frac{1}{2}x-1)-2\}-3$是此时绅士剩余的钱数。根据题意思以得出$\frac{1}{2}\{\frac{1}{2}(\frac{1}{2}x-1)-2\}-3=1$，解得$x$的值是42便士，也就是3先令6便士。

所以，3先令6便士是绅士开始时口袋里的钱数。

此外，这个题目同样可以通过推理来解答：

最后1便士为绅士口袋中剩余的钱数，而根据最后乞讨的人得到的是绅士当时钱数的$\frac{1}{2}$再加3便士，得出他得到的钱数是7便士，所以8便士是给完第二个乞讨人后剩余的钱数。而第二个乞讨人得到的钱数是12便士，所以得出20便士是给完首个乞讨人后口袋里剩余的钱数，因此说，首个乞讨人得到的是 22 便士，所以，得出 42 便士、也就是 3 先令 6 便士是最初绅士口袋里所有的钱数。

009. 买卖飞机

其中 $600 \div \frac{4}{5} = 750$ 英镑为赔钱的那架飞机开始的购买价格，而 $600 \div \frac{6}{5} = 500$ 英镑赚钱飞机最初的购买价格，因此 1250 英镑是最初的总花费，1200 英镑是后来卖出两架飞机后得到的钱数，50 英镑买卖过程的亏损钱数。

010. 购买礼物

设 x 英镑 y 先令为乔克出门前的钱数，并且 x、y 为正整数，再有就是 $y < 20$，而回到家后先令数目是 x，英镑数目是 $\frac{x}{2}$，由此得出 $20x+y=2(10y+x)$，推出 $18x=19y$，得出 x 为 19，y 为 18。

所以说 19 英镑 18 先令是乔克出门时身上带的钱，而 9 英镑 19 先令是他的花费。这样，在回到家后，英镑数就是出门时的 $\frac{1}{2}$，先令数和出门时的英镑数同样多。

011. 自行车午餐

解答此题，我们可以用列方程的方法，设 x 人是他们的总人数，由此得出 $\frac{80}{x}$ 先令是开始每个人要付的钱数，而等两个人走掉之后，$\frac{80}{x-2}$ 先令是他们每人要付出的钱数，由此得出 $\frac{80}{x}+2=\frac{80}{x-2}$，解方程得出 10 就是 x 的解。

所以，开始时他们有 10 个人，8 先令是每个人应负担的钱数。可是等两个人走掉之后，每个人就要比原来多负担 2 先令，也就是 10 先令。

解答此题也可以用逻辑推理来完成。

其他人在两个人溜走之后，要多负担 2 先令，所以留下来的人数即为每个人原先应当负担的钱数。也就是说，每个人负担的先令数加 2 就是总的人数。而 4 英镑为他们负担的总钱数，因此 10 个人应当为他们的总人数，开始每人负担 8 先令，而在两个人溜走了之后，其余所有人都要负担 10 先令，这比原来的 8 先令多 2 先令。

012. 奇怪的钱

44 444 英镑 4 先令 4 便士就是这道问题的答案，它们折合成便士就是 10 666 612 便士，此组数字之和与 7 个 4 之和都是 28。

而另外一个答案，66 英镑 6 先令 6 便士中的四个数字 6 就包含在 106 666 12 之中，这真是一个奇怪的现象。

013. 资金疑问

根据要求，表示钱数的最小值时，放在后面的数字应当最大，因此应把 $9\frac{3}{4}$ 便士放到后面。因为 20 是先令数无论如何都达不到的，所以应为 18 先令，其余数字由小到大的排列顺序 2 567，因此，2 567 英镑 18 先令 $9\frac{3}{4}$ 便士就是钱数的最小值。

014. 钱的平方数

我们用 x 和 y 便士分别代表这两笔钱，由此得出方程 $xy=x+y$，分解得出 $x=\frac{y}{y-1}$。根据题意可以知道 $x>0$，因此 $y>1$，y 的数值越小，得出的结果越小，并且 y 的值应当能使用当前的货币符号来表示。所以推测出 $1\frac{1}{4}$ 便士是 y 的最小值，从而得出 x 为 5 便士，而 $6\frac{1}{4}$ 为 xy 的积。当 $1\frac{1}{2}$ 便士为 y 的数值时，x 变为 3，$4\frac{1}{2}$ 分别为 x、y 的和与积。

015. 口袋里的钱数

15 先令 9 便士为最多的钱数，其组成为 3 便士、4 个 2 先令的硬币、另外还有 1.5 克朗，也就是 3 个半克朗。

016. 一个百万富翁的难题

其实答案可以通过实验获得，把 7 的最大次幂在这 100 万美元中除掉后，再从把剩余的钱数除掉一个 7 的最大次幂……，可是只有用最简单的方法解答这个谜题才可以体现我们的出题意图，其实将这 100 万转化为 7 进制之后就可以立刻得出结果。有关一些进制换算的问题，在这里我要把它介绍给那些对这类谜题缺乏思考的人们。

为了使我们的数字能够由另外的一种快捷并且准确的体系表示，我们特意使用一种算术简写来替代我们之前的计数方式。假如，两千三百四十一美元，也就是 2 个 1000 美元、加上 3 个 100 美元、加上 4 个 10 美元，加上 1 个 1 美元，这被我们用数字 2341 来表示。换句话说，就是用每个位置上的数字和 10 的幂次乘积从右到左的分别表示出来。有时候，我们必须用 0 来填补空余位置，以此来消除误会，不然 207 就会被写成是 27，这显然不正确。所以，对于数字的表示，一旦超出了 9 的范围，只需要在它的左面写上另外一个数字；一旦超出了 99 的范围，只需再有一个数字写在它们的左边就可以了……如此最终来表示这些数字的就只有 10 个数字而已。这是一个绝对主观的想法。在缘起于我们祖先的十进制方法里，这显然被允许，这就好比入学前的孩子们一样，用十个手指头来数数是他们十分熟悉的事情。在日常生活过程中，十进制被所有人都认可，这并不需要我们去刻意表明。

把用十进制表示的 2341 美元说成用七进制表示的 6553 美元，两者表示的钱数其实相同。这里使用的是 7 的幂次，而不是 10 的幂次，超过 6 的数字是没有用处的，这是和前面有区别的。7 的三次方 343 和 6 的乘积，再加上 7 的平方 49 和 5 的乘积，再加上 7 的一次方 7 和 5 的乘积、加上 3，就和普通十进制表示的 2 341 是一样的。我们可以把十进制的 2 341 转化为七进制的表示方式，正好对转化运算做一个练习。我们可以用 7 除 2 341，得出的结果是 334，余数是 3，之后再用 7 除 334，得到的结果是

47，余数是 5，一直除下去，直到无法被 7 整除为止。把 6、5、5、3 这些余数排列出来就得到了答案 6 553。

同样的方法，只要把上面的 1 000 000 转化为七进制的表示方法，就可以得出上面谜题的答案。也就是用 7 一直去除这个数字，直到不能整除为止，最后得出 11 333 311 就是 1 000 000 除以 7 得出的余数排列的结果。所以为了满足上面的条件，我们可以准备的最大的一份礼物是 823 543 美元、其次一份是 117 649 美元，接下来准备 3 份 16 807 美元，再接下来 3 份 2 401 美元，3 份 343 美元，3 份 49 美元，1 份 7 美元，最后一份是 1 美元。这个答案是唯一的。所以不必实验，只要用七进制来表示这些数字就可以很好地解答此类题目。

017. 使人迷惑的储钱罐

为了满足 6 个硬币共计 45 先令的总数，得出威廉储钱罐里的钱数是 8 先令，他有 2 个 4 先令的硬币；约翰储钱罐里的钱数的是 12 先令，他有 1 个半英镑加上 1 个 2 先令的硬币；汤姆斯的储钱罐里是 5 先令，他有 1 个 1 克朗的硬币；查尔斯的储钱罐里是 20 先令，他有 1 个英镑的硬币。这样，假如威廉的加上 2 先令，约翰的减少 2 先令，汤姆斯的增加一倍，查尔斯的减少$\frac{1}{2}$，兄弟四人的钱数就都变成了 10 先令。

018. 市场里的妇女

因每位妇女所得的钱数都 是 105 元，所以妇女的最多数量为 8 位，即 105 的因数为 1、3、5、7、15、21、35、105。故商品的单价只能是以下 8 种，分别是每千克 1 元的有 105kg; 每千克 3 元的有 35kg; 每千克 5 元的有 21kg; 每千克 7 元的有 15kg; 每千克 15 元的有 7kg; 每千克 21 元的有 5kg; 每千克 35 元的有 3kg; 每千克 105 元的有 1kg。

019. 元旦促销的晚餐

只有 10 个单身男人，1 个单身女人，7 对客人的情况才能够满足上面说的条件。30 便士是单身男子的消费，18 便士是单身女子的消费，126 便士是一对客人的消费。所以成对出现的客人只能在 7 到 9 对之间，假如是 9 对，那么 1 134 便士是他们的花费，这样只剩下了 66 便士，这仅能满足一个单身男士和两个单身女士的消费，在人数上无法达到 25 人的条件。假如换成是 8 对，减去 1 008 便士的费用，还有 192 便士，这可以满足 1 个单身男士和 9 个单身女士，或者 4 个单身男士和 4 个单身女士，这样同样都不符合 25 人的条件。当 882 便士是 7 对客人的消费，其余的 318 便士可以满足的条件包括：1 个单身男士和 16 个单身女士；4 个单身男士和 11 个单身女士；7 个单身男士和 6 个单身女士；10 个单身男士和 1 个单身女士。

可是满足总人数 25 人的只有一种情况。

020. 购买的香肠和牛肉

这道题可以通过方程来解答：

设 x 磅就是这位夫人购买的香肠和牛肉各自的重量。所以她的总花费是 $18x+24x=42x$ 便士。等分后就是 $21x$ 便士，这样购买到的香肠和牛肉分别是 $\frac{7x}{6}$ 磅和 $\frac{7x}{8}$ 磅。再依据题意可得出方程 $\frac{7x}{8}+\frac{7x}{6}-2=2x$，解得 x 的值为 48。据此可求得所花的钱数。

021. 苹果个数

设原先苹果的个数是 x，这样 $\frac{12}{x}$ 便士就是单个苹果的价钱，而 $\frac{144}{x}$ 就是一打苹果的价钱，在个数增加两个之后，$\frac{12}{x+2}$ 便士就变成了现在单个苹果的单价，而现在一打苹果的价钱就成了 $\frac{144}{x+2}$ 便士，根据题意，列出方程是 $\frac{144}{x}-1=\frac{144}{x+2}$ 最后得出 x 值为 16。

最初购买 16 个苹果花费了 1 先令，依据此价格 9 便士就可以购买到一打苹果。而加上两个之后，也就是 18 个苹果花费了 1 先令，所以 8 便士就可以购买到一打苹果，差价是 1 便士。

022. 种类不同的鸡蛋

可以通过方程解答此题，

设他购买了 x 个单价为 5 便士的鸡蛋，y 个单价为 1 便士的鸡蛋，z 个单价为 0.5 便士的鸡蛋。由此得出：$5x+y+0.5z=100$，$x+y+z=100$；假如 x 和 y 相等，则 x、y 值为 10，z 值为 80；假如 x 和 z 相等，则 x 和 z 都是 0，y 为 100，这与题意不符；而当 y 和 z 相等时，x 的值为 $\frac{100}{17}$，不是整数，同样不合题意。所以这个人购买的鸡蛋数量为 5 便士和 1 便士的各为 10 个，0.5 便士的为 80 个。总的钱数是 8 先令 4 便士，总个数是 100 个。

解答这道题目还可以用逻辑推理的方法：

购买 100 个鸡蛋的总钱数是 8 先令 4 便士，相当于 1 个鸡蛋 1 便士。而这刚好是新鲜鸡蛋的价格，因此我们可以把其余两种鸡蛋组合一下，它们的价格同样变为 1 便士。这两者的单价分别是 5 便士和 0.5 便士，也就是说购买 8 个 0.5 便士的仅需 4 便士就可以了。假如我们购买的是 8 个普通的鸡蛋和一个刚下的鸡蛋，也就是说购买 9 个鸡蛋花费了 9 便士，其中刚生的鸡蛋个数相比较，普通的鸡蛋的个数是它的 8 倍。当投掷鸡蛋和新鲜鸡蛋个数相同时，刚生下的鸡蛋的数目为 $\frac{1}{4}$，这果然不符合题意。假如相等的是刚生的鸡蛋和新鲜的鸡蛋，则两者的数量都是 10 个，普通的鸡蛋是 80 个。所以这个人购买的鸡蛋的数量只能是 5 便士和 1 便士的各 10 个，0.5 便士的 80 个。总数量是 100，总钱数是 8 先令 4 便士。其中数量相等的是单价 5 便士和 1 便士的。

023. 礼盒问题

在很多年前发生这个分配时间时，市面上流通的硬币还存在着 4 便士的面值。答案肯定是以每人 19 便士的钱数分给了 19 个人。有 5 种不同的付款方式购买这些银币，只有两种是我们需要的。所以 361 便士的分配方法是其中有 5 个人分别分到了 1 个 4 便士和 5 个 3 便士，另外的 14 个人分别分到了 1 个 3 便士和 4 个 4 便士，这样所有人都分到了 19 便士，总数为 1 英镑 10 先令 1 便士。

024. 不找零的商店

用不少于 6 个硬币的钱数来付款，最少的是 1 先令 $5\frac{3}{4}$ 便士和 1 先令 $11\frac{1}{2}$ 便士，她们的总钱数是 3 先令 $5\frac{1}{4}$ 便士。

025. 零钱问题

我们可以用这样的方法帮助商店老板走出困境。把所有钱数都折合成美分，老板的钱数是 50 美分和 25 美分、购买顾客的是 100、3、2 美分，帮忙顾客的是 10、10、5、2、1 美分，而购买者的购物款是 34 美分，最终对这些钱的分配应为 28 美分归帮忙顾客，71 美分归购买者，109 美分归商店老板。所以，很轻松就可以得出老板首先要拿走 100 美分，购买顾客应拿走 50 美分，而帮忙顾客必须拿走 25 美分。下一轮 9 美分归商店老板，购买顾客还要拿 2 个 10 美分，而帮忙的顾客只需拿走一个 3 美分。因此得出结果：购买者拿到的是 50、10、10、1 美分，商店老板拿到的是 100、5、2、2 美分，帮忙的顾客拿到 25、3 美分，可见，三个人拿到的硬币不是自己先前的了。

026. 观察的疏忽

和大不列颠所在的那一面相同，1 便士硬币的日期也在反面。在全部平放的情况下，在一个硬币的周围可以摆放 6 个和其相切的硬币。在半克朗的表面可以摆放 3 个 1 便士的硬币，小于 3 是多数人的看法，当然也有不少的人给出的数目非常大。

027. 不完整的硬币

253 便士是它们完整时的价值，而 240 便士是它们目前的价值，$\frac{13}{253}$ 显然是缺少部分的价值。可是硬币残缺的部分相同，所以三个硬币都残缺了原来的 $\frac{13}{253}$。

028. 概率问题

把 5 个硬币同时抛出去，会得出 32 种不同的组合结果，每个硬币掉下来的方式都会有两种。所以 5 个 2 相乘即可得出 32。它们的具体组合方式如下

第一种	全是反面	1 次
第二种	全是正面	1 次
第三种	1 反 4 正	5 次
第四种	2 反 3 正	10 次
第五种	3 反 2 正	10 次

第六种　　4 反 1 正　　　5 次

而其中第一、二、三、六四种方式都满足题目要求，共有 12 次。其余 20 次不符合题意。所以成功和失败的比例为 12 比 20，即 3 比 5，也就是说成功的概率为$\frac{3}{8}$。

应付 15 先令 3 便士才可以从装有 3 个金币和 1 先令的口袋里取出一个硬币。$\frac{3}{4}$英镑或者是 15 先令是很多人的回答，因为取出金币的概率为$\frac{3}{4}$。可是他们把拿到 1 先令硬币的情况忽略了。

029. 买卖地皮

设地块被地产商分成了 x 小块，得出 6 小块的原始价格应为 $18x$ 和 243 的差，又原始价格为$\frac{243}{x}$美元，所以方程为：$6\times\frac{243}{x}=18x-243$，求出 x 为 18。所以地块被地产商分成了 18 小块，每块的价格是 18 美元，出售总价为 324，81 美元就是盈利部分。而买入价为$\frac{243}{18}=13.5$美元，6 块的总价是 81 美元。

030. 普金夫人的困惑

1 710 英镑，这是在没有我提醒的情况下，大多数读者给出的答案。可这是不正确的。我要说明的就是，年收入的$\frac{1}{3}$花在了房产税上，也就是把一年收入的$\frac{1}{3}$支付了房地产税，而不是每年都要花费$\frac{1}{3}$的收入而其他消费也是两年分别总共花去了年收入的$\frac{1}{2}$和$\frac{1}{9}$。设年收入为 x，那么两年的收入即为 $2x$。所以方程为：

$$2x-\frac{1}{3}x-\frac{1}{2}x-\frac{1}{9}x=190\text{ 英镑}$$

如此最后得出的答案只能是 180 英镑。所以 360 英镑是两年的总收入。房地产税花费是 60 英镑，家庭开支为 90 英镑，其他用途占到了 20 英镑，存在银行的正好是 190 英镑。

031. 服装处理

心细的朋友一定看出来了，他每次降价的幅度为$\frac{3}{5}$，所以原来价格的$\frac{2}{5}$就是降价后的价格。所以衣服的成本价为 $128\times\frac{2}{5}=51.2$ 美分。

032. 便宜的车票

有 458 908 622 种方式来支付 19 先令 9 便士的车票钱。。

对解题思路，我们有必要提一提。当使用的钱数是 3 便士的倍数时，假如只使用铜币，那么支付方式有 $(n+1)^2$ 种，此处的 n 代表的是便士的数目。假如允许使用 3 便士的硬币，那么支付方式有$\frac{2n^3+15n^2+33n}{18+1}$。假如使用 6 便士的硬币，并且钱数是 6 便士的倍数，那么方式就有$\frac{n^4+22n^3+159n^2+414n+216}{216}$种，当钱数不是 6 的倍数时，只要用 324 把 216 替代就可以了。所以在使用其他硬币时，公式的复杂程度将会成倍的变换。

可是对于现有的钱数，我要给出一个对应的公式，这是之前书上没有过的。

钱数	方法种类
$\frac{1}{4}$便士	0

$\frac{1}{2}$便士	1
1 便士	3
3 便士	16
6 便士	66
1 先令	402
2 先令	3 818
半克朗	8 709
4 先令	60 239
1 克朗	6 261 622
1 英镑	500 291 833

我太吃惊了，1 英镑的兑换方式居然有 5 亿多种。但对于我列出的数字准确性，我从不怀疑。

033. 兑换问题

第一题答案是 13 英镑。

第二题的答案是 23 英镑 19 先令 11 便士。

034. 布匹经营和杂货经营

根据经营布匹的被打扰时间是经营杂货的 17 倍这一条件，计算出经营布匹的被打扰了 8.5 分钟，而经营杂货的被打扰了 0.5 分钟。经营布匹的裁剪完 48 段 1 英尺长的布料，要 47 刀，所用的时间是 15 分 40 秒，加上被打扰的 8 分钟 30 秒，他用的时间总计是 24 分 10 秒。而经营杂货的称 48 包糖果要用 24 分钟，再加上被打扰的 0.5 分钟，总用了 24 分 30 秒。可见布匹经营者以领先 20 秒的成绩赢得了比赛。

035. 卖出的牲畜数量

总数一定是 5 和 8 的倍数，因为 5 群牲畜的数量相等，并且卖给 8 个商人的牲畜的数量相等。由此推出这个数一定还是 40 的倍数。而只有数量为 120 时才能够满足题目的条件。所以牛、羊、猪的构成共有两种方式，分别是 3、109、8，和 1、96、23。

036. 购买苹果

你可以用方程解答此类问题。

孩子的总数一定是偶数，因为里面包含了相同数量的男孩儿和女孩儿，我们设孩子的数量为 $2a$，用 x 便士购买了 1 便士 1 个的苹果，用 y 便士购买了 1 便士 2 个的苹果，用 z 便士购买了 1 便士 3 个苹果，得出 $x+y+z=7$，同时满足 x、y、z 是非负数，且是整数，x、$2y$ 和 $3z$ 都为 $2a$ 的整倍数，并且 x、z 必须为偶数等条件。又因为 x、y、z 的和为 7，所以 y 必然是个奇数。可以把 y 为 5 或者 7 的情况排除掉，得出 y 为 3，所以 a 为 3，孩子的总数为 6。

解决此类问题还可以运用推理的方法。

因为孩子的数量是偶数，可以暂且推出孩子的数量可能是 2、6 或者是 14，第一种情况购买苹果的方法有 10 种。可是题中说的男孩和女孩相等，所以可以排除第一种情况。倘若有 14 个孩子，只能是每人 $\frac{1}{2}$ 便士的苹果，可每人分到的苹果数要大于1，可见，这种情况同样可以排除掉。最后只有6满足条件。3男3女分到的苹果分别是$\frac{1}{2}$便士的1个，$\frac{1}{3}$便士的2个。每人分到的苹果价格是$1\frac{1}{6}$便士，6个人的花费刚好是7便士。所以一共有6个孩子。

037. 买栗子

老板和购买者之间的对话是我们解答这道谜题的关键，我将这个谜题重新整理后再次展现在你面前，你会发现它更加清晰了。

半克朗可以购买155个栗子。购买者可以用1便士购买$5\frac{1}{6}$个栗子，这是用$\frac{155}{30}$得出来的。所以老板给了他5个栗子，那个人说差$\frac{1}{6}$，这与老板说的再多给一个就多$\frac{5}{6}$刚好对应。

038. 吃亏的售货员

大家给出的答案千奇百怪，有的甚至十分荒谬。其实这个谜题特别简单，一辆自行车的成本和10英镑的零钱是售货员的最大损失，也就是21英镑。换零钱，向朋友借钱等都不会影响到这个谜题的结果。

039. 橘子的价钱

100个橘子的原价是8先令4便士，可是比尔付的是8先令。换句话说，10先令可以购买的橘子数量是125个，而按照原价仅可以购买120个橘子。这和题意完全相符。

040. 麻绳买卖

店主开始时剪断的所谓20英尺的绳子有18英尺，每码少3英寸，一共短1.5英尺。可是最后2英尺没有短。所以水手实际得到的绳子长度是18−1.5+2=18.5英尺，水手最后选择了剩余的绳子，即100−18.5=81.5英尺，按2分钱1英尺，白拿走的绳子价值为1.63元。可是水手的5元金币是假的，店主找零钱按照80英尺计算，找回的钱数是3.4元，另外，白拿走的绳子价值是1.63元，所以5.03元是店主的实际损失。这和与隔壁兑换的零钱无关。

041. 妈妈的岁数

35岁为爸爸的年龄，29岁2个月是妈妈的年龄，5岁10个月是托米的年龄。70是他们三个人年龄的总和。当托米的年龄是爸爸的1/2时是23年4个月之后，那时三人的年龄之和是140，刚好是现在的2倍。

042. 夫妇的年龄

两个人的年龄可以相互颠倒，可见两个人的年龄都是两位数。另外两人的年龄之差一定是9的倍数，并且不会比18大。当差为9时，两人的年龄之和是99，所以丈夫和妻子的年龄分别是54和45，当两人的年龄之差为18时，两人的年龄之和是198，两人的年龄分别是108和90，这与题意有些不符。

043. 5个孩子的年龄

根据题意，三个女儿的年龄之和是除去珍妮之后两个女儿年龄之和的4倍，珍妮的年龄是21，所以，另外两个女儿的年龄之和是7，由此得出两个儿子的年龄之和是14。已知亨利埃塔和小格特鲁德的年龄之和是比利的2倍，推出3.5岁是比利的年龄，10.5岁是查理的年龄，1.75岁是小格特鲁德的年龄，5.25岁是亨利埃塔的年龄。

最后得出答案：

珍妮	21岁
查理	10.5岁
亨利埃塔	5.25岁
比利	3.5岁
小格特鲁德	1.75岁

044. 蒂克尼夫人的年龄

根据题意可以得出，蒂克尼夫人18年前的年龄一定和结婚时的年龄相等，推算得出，结婚时她的年龄为18岁，而蒂克尼的年龄是54。

045. 玛丽的年龄

可以用方程解出答案：

玛丽现在24岁了。她和安妮初次见面时一个是12岁，一个是4岁。

046. 自行车礼物

女孩儿会在4年半后拥有自己的自行车，到那时，49岁半的母亲的年龄刚好是16岁半女儿的三倍。

047. 马克和玛丽

63是两个人7年后的年龄之和，由此得出49是两人现在的年龄之和。设马克年龄为x岁，玛丽的年龄是y岁：

$$\begin{cases} y+y+(y-x)=2(y+7) \\ x+y=49 \end{cases}$$

解得：$x=17.5$，$y=31.5$

因此得出，玛丽的年龄是31.5岁，马克的年龄是17.5岁。

048. 小狗多大了

所题意列方程可得出：

现在小狗的年龄是10岁。

049. 托米多大了

现在，托米的年龄是母亲的1/4，母亲的年龄就是他的4倍，而4年后父亲的年龄又是他的4倍，所以，四年后父亲的年龄是现在托米年龄的4倍再加上16岁。所以托米现在年龄的4倍加上12岁就是父亲现在的年龄，由此得出父亲的年龄要比母亲大12岁。姐姐在托米出生时刚好是母亲的$\frac{1}{4}$，如今母亲的年龄是当时姐姐的年龄的4倍再加上托米的年龄。所以，托米出生时，姐姐的年龄是现在托米年龄的$\frac{3}{4}$。而托米出生时的年龄和姐姐当时的年龄的和的3倍是父亲现在的年龄。依照前面推理所得的父亲比母亲大 12 岁的结论，得出 9.6 岁是托米现在的年龄，16.8 岁是姐姐的年龄，38.4 是母亲的年龄，50.4 是父亲的年龄。因此，父亲年龄的$\frac{1}{3}$是姐姐的年龄，母亲年龄的$\frac{1}{4}$是托米的年龄；在姐姐 7.2 岁时，托米出生，母亲当时 28.8 岁，其年龄刚好是姐姐年龄的 4 倍；父亲四年后是 54.4 岁，$\frac{1}{4}$正好是 13.6 岁，这就是托米四年后的年龄。

050. 波卡洪小姐的年龄

大 7 倍就是 8 倍的意思。

所以，24 岁是波卡洪小姐现在的年龄，她最小的弟弟的年龄是 3 岁。

051. 两家人的年龄

史密斯夫妇、索菲、萨米的年龄分别是 42 岁、40 岁、10 岁、8 岁；

吉普斯夫妇、朱丽亚、乔的年龄分别是 39 岁、34 岁、14 岁、13 岁。

$42+40+10+8=39+34+14+13=100$

并且 $42^2=40^2+10^2+8^2=1764$

$39^2=34^2+14^2+13^2=1521$

052. 礼物的分配

当 a 分到的坚果数量是 12 个时，b 和 c 分别分到了 9 个和 14 个，三人分到的总数是 35 个，而这刚好是总数的$\frac{1}{22}$，因此，只要把 12、9、14 分别乘以 22 就是他们分别分到的坚果数量，a 分到 264 个，b 分到 198 个，c 分到 308 个。而 a、b、c 的年龄分别是 6 岁、4.5 岁、7 岁。

053. 农夫的回答

农夫的儿子现在 5 岁了。

054. 复杂的夫妻关系

假如一个男人在自己的妻子死后又娶了他亡妻的妹妹，之后他也去世了，说他娶了遗孀的妹妹是没有错误的。

年轻人是简・布朗的儿子。他的姓氏和哥哥的相同，因为她嫁给的男人和自己同姓。

055. 奇怪的谈话

他是女士 b 的叔叔。

056. 聚会的人数

其实参加聚会的就是爷爷、奶奶、爸爸、妈妈、一个儿子，两个女儿七个人。祖父、父亲和公公是爷爷一个人的头衔；而祖母、母亲、婆婆是奶奶的头衔；儿子和父亲是爸爸的头衔；儿媳和妈妈是母亲的头衔；姐姐是两个女孩的头衔；弟弟是男孩的头衔。

057. 三重家庭关系

其实斯洛斯的意思是：你的姐姐卡特和我的父亲结婚了，因此你的头衔是我爸爸的妻弟；你的女儿玛丽嫁给了我的哥哥，所以的你的头衔还是我哥哥的丈人；我娶的是你弟弟亨利的女儿简，因此你的头衔还是我岳父的哥哥。

058. 威尔逊谜题

假如有一个人的母亲曾经和两个人结过婚，而且都生了儿子，这样两个儿子中的任何一个就和这个人即是叔叔又是侄子关系。或许还有其他的解释，可这是最为简单的解释。

059. 维纳的年龄

我们可以使用排除法解答这个问题。

21 岁就是维纳年龄的上限，因为 22 的立方就不是四位数了。因此维纳的最大年龄是 21 岁。

18 岁是维纳年龄的下限，因为 18 的 4 次方是6位数，而 17 的 4 次方就是 5 位数了。

因此，我们要知道维纳的年龄，只需在 18、19、20、21 中筛选就可以了。8 000 是 20 的立方数，可是里面有 3 个 0，和题意不符。同理 130 321 和 194 481 分别是 19 和 21 的四次方，也都和题意不符。

18 是唯一的数字了，18 的立方为 5 832，四次方为 104 976，这些刚好没有重复的用完了 0 到 9 十个数字，这是十分完美的组合。

060. 现在几点了

这会的时间是晚上 9 点 36 分。2 小时 24 分是中午到这会儿时间的$\frac{1}{4}$，7 小时 12 分是这会儿到明天中午时间的$\frac{1}{2}$，而 9 小时 36 分正好是两者之和。

或者把 x 设为这会儿的时间，那么 $0.25x$ 就是这会儿到中午时间的$\frac{1}{4}$，而 $0.5\times(24-x)$ 就是这会儿到明天中午时间的$\frac{1}{2}$，由此得出方程：

$x=0.25x+0.5\times(24-x)$

得出 x 为 9.6，也就是 9 点 36 分。

061. 时间间隔

还差 104 分钟。我们可以假设这个间隔是 x 分钟。那么 $130-x$ 就是 50 分钟前到 3 点的时间间隔，得出方程为 $4(130-x)=x$，最后得出 x 的值为 104。

这会儿到 6 点的间隔是 104 分钟，26 分钟是 50 分钟前到 3 点的间隔，$26\times4=104$。

062. 奇怪的手表

无论如何，每经过 $65\frac{5}{11}$ 分钟，时针和分针就要重合一次。所以说这块表 65 分钟里走快了$\frac{5}{11}$分钟，也就是每小时快$\frac{60}{143}$分钟。

063. 码头谜案

1 点 5 分 $27\frac{3}{11}$ 秒时，时针和分针是重合的，但他们还有另外 11 次重合的机会。1 小时 5 分 $27\frac{3}{11}$ 秒是我们用 12 除以 11 得出的 时间，同时也是下次重合需经过的时间，因此，2 点 10 分 $54\frac{6}{11}$ 秒是第二次的重合时间，3 点 16 分 $21\frac{9}{11}$秒是第三次重合的时间，4 点 21 分 $49\frac{1}{11}$秒是第四次重合的时间。所以满足条件的就是第四次重合，秒针经过了 49 秒。在《跨越妻子的世界》一书的开头，盖·布恩是这样写的，“这个冬日的午后是寒冷的，是令人不安的，壁炉上的钟表刚好是 4 点 20 分，时针和分针重合在了一起，屋子里一片漆黑，犹如黑夜一样。”我们不得不纠正一下作者所犯的错误，因为他少算了 1 分 $49\frac{5}{11}$秒。

064. 互换位置

由 1 到 12-（n+1）之间的所有自然数之和就是从时间 n 到午夜时针和分针交换的次数，这里的 n 为 3，因此得出 12-（3+1）=8，而 36 就是 1 到 8 个所有自然数的和，所以 36 次就是从下午 3 点到午夜时针和分针交换的次数。

其中 3 点 $21\frac{57}{143}$分和 4 点 $16\frac{112}{143}$分是第一组互换位置的时间，而 10 点 $59\frac{83}{143}$分和 11 点 $54\frac{138}{143}$分是最后一组互换位置的时间。对于 36 组时间，我们在这里就不一一列举了，我会告诉大家一个公式，这样对从正午到午夜的 66 组时间我们就可以通过公式快速知道了。公式为：

a 小时$\frac{720b+60a}{143}$分钟和 b 小时$\frac{720a+60b}{143}$分钟。

0（也就是正午 12 点）到 10 的所有时间都可用 a 来表示，而 a 之后到 11 点到 12 点之间的所有时间都可以用 b 来表示。

依照公式我们发现当 a 为 8，b 为 11 时，也就有 8 点 $58\frac{106}{143}$分和 11 点 $44\frac{128}{143}$分，这组互换时间中的第二个时间和 *IX* 最接近，它和 *IX* 的间隔仅为$\frac{15}{143}$分，因此，这就是第二个问题的答案。

假如我们可以把这 66 次的互换时间组列出一个表格，大家会发现这非常有意思。有个十分简洁的方法：那就是在两列数字里一个是第一个时间，另一个是第二个时间。第一种情况就是在 a 为 0，b 为 1 时，时间组为 0 点 $5\frac{5}{143}$分和 1 点$\frac{60}{143}$分，这样在第一个时间上陆续加上 $5\frac{5}{143}$分，在第二个时间上陆续加上 1 点$\frac{60}{143}$分。如此，得到 11 组时间后，我们会发现，第一组是中午后的一个特定时间，之后时间上就发生了跳跃现象。依照这样的规律，我们还可以找到 1 点之后的另外一次跳跃，那是在 a 为 1，b 为 2 时，求出第一个时间组，之后分别加上刚刚的两个时间，就会得出 10 组时间。同理，还有 2 点之后的 9 组时间，对于这些自然数和跳跃的原因，希望读者朋友们自己去发现。这样最后我们得出的所有时间组就是 11+10+9+8+7+6+5+4+3+2+1=66 个，这就是我们前面给出的公式求得的时间，两者一致。

065. 秒针的分布

11 点 44 分 $51\frac{1143}{1427}$ 秒是图中时钟的时间，下一个秒针在中间的时刻就是 11 点 45 分 $52\frac{496}{1427}$ 秒，假如把秒针看成三个点，那么答案就会换成 11 点 45 分 $22\frac{106}{1427}$ 秒，可是这就偏离了指针，因为那个时候秒针是在时针和分针外面的。

066. 秒表

9 点 $5\frac{5}{11}$ 分 $24\frac{3}{11}$ 秒是图中秒表的时间，2 点 $54\frac{6}{11}$ 分 $32\frac{8}{11}$ 秒是下一次的等距时间，获得答案其实很简单，只要有面镜子把目前的时间反射到镜子里就可以了，对镜子里的时间进行观察时，要把 I 换成是 XI，把 II 换成是 X，如此陆续转换掉就可以了。

067. 速度不同的三个时钟

单就计算来说，这个题目非常简单。只要 b 走快 12 小时，c 走慢 12 小时，三个指针就会同时指向 12 点。因为 b、c 的快慢都是每天 1 分钟，所以在 720 天后，b 会快出 12 小时，c 则会慢出 12 小时，而 a 的时间没有错误。三个时钟再次同时指向 12 点的时候是 1898 年 4 月 1 日后的第 720 天 12 点。那到底是什么日子呢？

把个谜题发布在 1898 年主要考虑到 1900 年是个闰年，对于这一事实，居然有很多人不知道。闰年的验证方法为：年数除以 4 后没有余数就表示该年为闰年。其实每个第四百年都会被我们视为闰年，这主要是为了使得日历和太阳的进度保持一致。因此，闰年包括 2000 年、2400 年、2800 年、3200 年等。由此得出，1900 年 3 月 22 日的中午该是谜题的答案。

068. 候车厅里的时钟

2 点 $43\frac{7}{11}$ 分就是正确的答案。

时针和分钟指向相反的方向时，时间间隔是 1 小时 $5\frac{5}{11}$ 分，所以除了 2 点 $43\frac{7}{11}$ 分以外，1 点 $38\frac{2}{11}$ 分、3 点 $49\frac{1}{11}$ 分、4 点 $54\frac{6}{11}$ 分、6 点、7 点 $5\frac{5}{11}$ 分、8 点 $10\frac{10}{11}$ 分、9 点 $16\frac{4}{11}$ 分、10 点 $21\frac{9}{11}$ 分、11 点 $27\frac{3}{11}$ 分、12 点 $32\frac{8}{11}$ 分这些都是时针和分针指向反方向的时刻。根据墙体的长和高，我们知道对角线和地面的夹角为 $8\frac{2}{11}$ 度，所以满足平行条件的只有 2 点 $43\frac{7}{11}$ 分，这就是当时候车厅里时钟的时间。

069. 乡村里的智者

今天的日期是星期天。

070. 平均时速

很多人回答说是 12.5 英里 / 时，可是 12 英里 / 时才是正确答案。设这段路程是 60 英里，去时用了 6 小时，回来用了 4 小时，也就是说 10 小时跑了 120 英里，平均速度当然是 12 英里 / 时。

071. 比较两列火车的快慢

我们用 v 和 V 分别代表两列火车的速

度。相遇时的时间是 t，$4V=vt$，$v=Vt$，得出 $v/V=2$，所以，其中一列火车的速度刚好是另一个的一半。

072. 村庄间的距离

这其实就是个三角形，12 英里是由 C 点到 AB 的垂线长度。三角形 ABC 被这垂线分成了两个直角三角形。根据 $12^2+9^2=15^2$，$12^2+16^2=20^2$，由此可以得出，AC 之间是 15 英里，BC 之间是 20 英里，AB 之间是 25（即 9+16）英里。

073. 称霸的山羊

9.9639 英尺 / 秒和 9.4395 英尺 / 秒就是体重轻的山羊和体重较重的山羊分别需要的最小速度。

074. 苍鹰逐日

我们应当留意到题目中的三个隐藏陷阱：19055 英里是地球的周长，用这个数字除以每天的飞行距离 500 英尺，最后得出的是 39 天，可是在绕回一周后，因为时间差，就会减少一天。所以，再次回到起点的时间是 2 月 7 日，星期五，飞行时间是 38 天。

075. 养老金的领取问题

$6\frac{3}{4}$ 英里就是这段道路的距离。

她上山和下山的距离是相同的，可是上山的速度是下山的 $\frac{1}{3}$，上山的时间肯定是下山的 3 倍，由此得出他花费 4.5 小时用来上山，1.5 小时下山，最后得出路程为速度和时间的乘积，为 $6\frac{3}{4}$ 英里。

076. 水上的距离

$\frac{7}{24}$ 英里 / 分是水上飞机的飞行速度，$\frac{5}{24}$ 英里 / 分是大风的速度。所以顺风时飞机的速度为 $\frac{12}{24}$ 英里 / 分，逆风时速度仅为 $\frac{2}{24}$ 英里 / 分。可是在没有风的天气里，水上飞机以 $\frac{7}{24}$ 英里 / 分的速度飞行 10 英里的距离需要的时间是 $34\frac{2}{7}$ 分钟。

077. 爱德的问题

60 英里是爱德先生要走的这段路的距离。假如爱德先生出发的时间是正午，速度是 15 英里 / 小时，他就会早到 1 个小时，也就是下午 4 点到达。假如他以 10 英里 / 小时的速度骑车，就会晚到 1 个小时，也就是下午 6 点。要准时到，他的速度要维持在 12 英里 / 小时。

078. 骑驴比赛

$6\frac{3}{4}$ 分钟是前 $\frac{3}{4}$ 路程所用的时间，再减去第三个 $\frac{1}{4}$ 路程使用的时间后就是前两个 1/4 路程使用的时间。因为后两个 $\frac{1}{4}$ 路程所用的时间相等，所以后 $\frac{1}{2}$ 路程使用的时间就是第三个 $\frac{1}{4}$ 路程使用的时间的 2 倍，又前后 $\frac{1}{2}$ 路程所用的时间相等，第三个 $\frac{1}{4}$ 路程使用的时间乘以 3 得 $6\frac{3}{4}$，由此推出它是 $2\frac{1}{4}$ 分钟。虽然无法得出前两个

$\frac{1}{4}$路程各使用了多少时间，但是我们知道其一共用了$4\frac{1}{2}$钟，而最后一个$\frac{1}{4}$同样是$2\frac{1}{4}$分钟，所以跑完1英里共计耗时9分钟。

079. 摆放土豆

用土豆的数量、土豆的数量减去1、2倍的土豆数量减去1之后，将三个数字的乘积被3除。得出（50×49×99）÷3=80850，所以正确的答案是80850码，相当于$45\frac{15}{16}$英里，这种消遣让人得以放松，很适合在一天的工作之后。

080. 车费

BC 间的路程是 AC 的$\frac{1}{2}$，所以汤姆只是走了整段路程的$\frac{1}{2}$，可是斯密斯先生一人走了另外的$\frac{1}{2}$，3英镑是总的车费，因此其中的1.5英镑是斯密斯一个人的，而另外的1.5是斯密斯和汤姆两个人共同的，所以汤姆应付的车费应当是15先令。

081. 找出啤酒

因为卖出去的酒一定是3的倍数，把任何数字的所有组成数相加，可以进行多次，最后得到的单个数字，这个单个的数字就被我们称之为“数字根”，我们必须把数字根是2、5、8的这桶酒找出来。满足条件的只有20加仑的这一桶，所以这桶酒是他留给自己的，买酒人中一个人买到的是15+18=33（加仑），另一人买到的是16+19+31=66（加仑）。

082. 数字排列

192、219、273、327四个数字是第一行的所有排列方式。192是我们图中列举的，而219、438、657；273、546、819；327、654、981是另外的三种排列方式。

083. 偶数奇数

这个答案在排除了复数、假分数、循环小数后其实十分简单，可是不用分数显然是不可能的，所以结果是$84+\frac{2}{6}$和$79+5\frac{1}{3}$。

084. 储物箱问题

107+249=356就是最小的和，324+657=235+746=981就是最大的和，134+568=702，134+586=720，138+269=407这三种情况中的一种就是中间柜子上的数字。三种情况中的和都是被0、2、4、7组成的百位数。所以，A、B、C橱柜上的可能性分别是一种、两种、三种，下面是结果：

249	134	746
107	586	235
356	720	981

其中第一、第二行的数字可以互换，这不会影响到垂直方向的总和。所以储物箱上的数字排列共有3 072种。

085. 三组数字组合

下面是所有的结果，不会再有其他的

情况了。

积	乘数	被乘数
7 852	1 963	4
6 952	1 738	4
5 796	483	12
5 346	297	18
4 396	157	28
7 632	159	48
5 346	198	27
7 254	186	39
5 796	138	42

其中第五种答案我们比较容易忽略。

086. 9 枚硬币

运用实验来推测结果是应对这一情况的不二选择。只是试验方式有所不同，要么是凭运气，要么有规则。凭运气的实验方法只适合普通的玩家。相等的乘积完全可以通过调转 23 和 46，将其换成是 32 和 64 得出来。可是这并非最大的乘积。更大一些的 5 568 可以通过 58 和 96，以及 174 和 32 两组相乘得出来。这一结果要经过大量的时间，细心的推断才能得出。

087. 10 枚硬币

通过排列组合，要使得两组数字的乘积相等，并不十分难做到，相信只要大家精心地实验，得出结果用不了 5 分钟。可是要得出最大和最小结果就不那么容易。

只有选择的乘数比较小才可以得出比较小的乘积。我们先把乘数定为 1 和 2，接下来怎样排列剩下的 8 个数字就成为了我们的工作重点。当然我们的目的只是要找到两个最小数。最终 3 045 成了我们找到的最小数，可是该数不符合题意，3 405 和 3 450 等同样不合题意，结果最小的数为 3 485，结果 3 485 和 2，另外就是 6 970 和 1 成了我们找出的正确答案。

可是真正难缠的是另一个答案——最大的乘积。乘数是一位数或者两位数就已经不容易了。当然我们十分清楚，乘数和被乘数的左边要尽可能摆放最大的数字。结果得出 58 560 是我们排列出的最大的数。所以正确答案是 58 560=732×80=915×64。

088. 数字的乘法

要得出结果只有通过不断实验，没有更好的办法。最大的数是 654×9=327×18=5 886，其各数字之和是 27。最小的数是 174×23=69×58=4 002，其数字之和是 6。

089. 为难的小丑

结果如下，一共有 6 种情况：

乘积	乘数	被乘数
1 827	87	21
1 395	93	15
1 435	41	35
2 187	81	27
3 159	351	9
3 784	473	8

所有乘积用到的数字都是两个乘数用到的数字，这一点一目了然。

090. 被警察记录的数字

839 542 176 是最大的乘积，两个乘数分别是 96 和 8 745 231。

三位数对应的这种情况只会有两种可能，而四位数会有 6 种可能，这是我们在前面里已经弄清楚的事情。

下面是我们给出的 5 位数的 22 种可能的情况：

乘积	乘数	被乘数
12 384	4 128	3
15 246	2 541	6
17 482	8 741	2
21 375	7 125	3
21 753	7 251	3
39 784	4 973	8
52 168	6 521	8
67 149	7 461	9
12 546	246	51
17 325	231	75
18 265	281	65
37 845	435	87
47 538	834	57
67 392	936	72
63 895	983	65

我们至少要经过 30 240 次的实验才可能把所有可能的组合用乘法进行验算。即便是把乘数为 1 的情况排除掉，我们仍然需要 28 560 次的验算。对如此艰巨的任务实行躲避策略，是可以理解的。可是要得出结果是否有更简单的方法呢?

把任何数字的所有组成数相加，可以进行多次，最后得到的单个数字，这个单个的数字就被我们称之为“数字根”，在符合此类谜题的结果中，所有乘积的数字根就是两个相乘数数字根的和，而只有数字根为 3 和 6、9 和 9、5 和 8、2 和 2 的四组乘数才是满足题目要求的。所以，我们将 22 个结果分成 4 类。前面两类相乘的数字根是 9，后面两类相乘的数字根是 4，这一目了然。

其实任意 5 个数字的和都在 15 到 35 之间，因此，要得出数字根是 9 只有所有数字和是 27 或 18 时才可以，而要得出数字根是 4 只有和为 31 或是 22 时才可以。和为 18 的有三种情况；和为 27 的有十一种情况；和为 22 的有九种情况；和为 31 的有 3 种情况，共有 28 种情况满足任意的乘积。

下面我们就要列出这 28 种情况，并且进一步把所有乘数列出来。其实可能的情况是 2 000 种而不是前面说过的 30 240 种。假如读者朋友们脑子够用，运用排除法就可以对这些大量的数字进行处理，要进行的实验也非常少。但是要说明我的方法，需要很大的空间，我在这里仅以一个数字来举例。

让我们以首个乘积 12 348 为例。所有乘数的数字根必须为 3 或者 3 的倍数。由于没有 6 和 9，所以 3 是唯一可选的数字。至此还有 4 个数字没有用到，他的排列组合有 24 种，可是我们不需要逐一进行验证。我们用心想一下，只有左边的首个数字为 4 和 8 时，才会得出一个 5 位数的乘积。另外第二位必须是 2，因为 6 和 7 的情况已经排除了。

这样就剩下 4 128×3 和 4 281×3 两种情况了，两种都符合题意。因数为两位数（21）的情况是我们接下来要考虑的。在被乘数小于 500 时，只能得到 4 位数的乘积，或者是以 10 开头的五位数。所以，我们只需对 843×21 和 834×21 进行验算就可以了。前面的乘积里有重复的数字，而且它的第一个数字的 2 倍加上第二个数字为第三个数字。这种情况我们可以马上排除，因为 3 和 2 的乘积加上 4 就会出现 0。对于第二种情况，我们可以用同样的方法推理出它不是正确答案。于是 12 又成为我们要考察的因数，为了不使乘积出现 6 和 1，所以个位不能是 3 和 8，我们凭借聪明的头脑写出这个表格根本不需要多少时间，我只用了 3 个小时。

虽说对于包含数字 6、7、8、9 的情况下的结果，我没有一一列举，但是包含 9 个数字的例子，我们已经列出了 50 个。

091. 奇异的乘法

这个数是 32 547 891，得出的结果是 195 287 346。用到的 9 个数字没有重复出现。

092. 核对号码

715、46、32 890 是正确的分组，前两个数的乘积刚好是第三个数。

093. 数字的除法

假如把$\frac{1}{2}$、$\frac{1}{2}$、$\frac{1}{4}$、$\frac{1}{5}$、$\frac{1}{6}$、$\frac{1}{7}$、$\frac{1}{8}$、$\frac{1}{9}$这些分数列入我们的考察对象看，或许可以更好地帮助我们解题。下面是我给出的 8 个结果：

$$\frac{1}{2}=\frac{6\,729}{13\,458}$$

$$\frac{1}{3}=\frac{5\,823}{17\,469}$$

$$\frac{1}{4}=\frac{3\,942}{15\,768}$$

$$\frac{1}{5}=\frac{2\,697}{13\,485}$$

$$\frac{1}{6}=\frac{2\,943}{17\,658}$$

$$\frac{1}{7}=\frac{2\,394}{16\,758}$$

$$\frac{1}{8}=\frac{3\,187}{25\,496}$$

$$\frac{1}{9}=\frac{6\,381}{57\,429}$$

45 是所有分子分母中各数字的和，数字根为 9，假如被分成的两组数字数字根的和为 9，则只能有 4 和 5、3 和 6、2 和 7、1 和 8、9 和 9 这几种情况，9 和 9 的和为 18，可是数字根仍然是 9。只有 9 和 9 的形式才能够满足$\frac{1}{3}$、$\frac{1}{4}$、$\frac{1}{6}$、$\frac{1}{7}$、$\frac{1}{9}$的这 5 种情况，换句话说，分子分母的数字根都是 9。

同样只有3和6的形式才能够满足$\frac{1}{2}$和$\frac{1}{5}$的情况，但是分子或者分母中都可能会出现较大的数字。比如分子分母的数字根分别为6和3的情况是$\frac{2\,769}{13\,845}$和$\frac{2\,697}{13\,845}$，分子分母的数字根分别是3和6的情况是$\frac{3\,729}{18\,645}$和$\frac{2\,973}{14\,865}$等。最神奇的是分数$\frac{1}{8}$，所有的数字根组合形式都满足这种情况。

所以在$\frac{1}{5}$到$\frac{1}{9}$的情况下，我们要得出不同的结果有时仅需改变数字的位置就可以了。就像是$\frac{5\,823}{17\,469}$和$\frac{5\,832}{17\,496}$，这只是改变了$\frac{3}{9}$和$\frac{2}{6}$的位置。不同的排列有时可以得出相同的数字，这如同我们前边给出的两个$\frac{1}{5}$的值。简单地对调位置行不通，必须对数字整体调整。当然，还有很多的小规律可能会被解答者发现。为了不使分母出现0或者5，数字的最右端不可以是5，同样，最右端也不可以是1，分数$\frac{1}{5}$和$\frac{1}{6}$也不可以出现。想要快捷地找出我们需要的答案就请认真地思考我上面提出的小规律。

094. 加法

最小的和应是25，钱数为1英镑8先令$9\frac{3}{4}$便士。

095. 有关100的难题

数值为100，对9个数字，不可重复使用。人们会为这类谜题着迷。要获得正确答案，初学者只能依靠实验。下面是11种结果，我们会将其中一个作为讲解实例：

$3\frac{69\,258}{714}$　$81\frac{5\,643}{297}$　$81\frac{7\,524}{396}$

$82\frac{3\,546}{197}$　$91\frac{7\,524}{836}$　$91\frac{5\,742}{638}$

$91\frac{5\,823}{647}$　$94\frac{1\,578}{263}$　$96\frac{2\,148}{537}$

$96\frac{1\,428}{357}$　$96\frac{1\,752}{438}$

结果都给了出来，为了方便处理，我觉得可以写成3+97、81+19、82+18、91+9、94+6、96+4更好些。

我们可以依据96+4做出判断，且推断出6是分子和分母共同的数字根，我们可以发现下面的规律，在3+97的情形下，分子分母的数字根都是3；在81+19的情形下，分子分母的数字根都是9；在82+18和91+9的情形下，分子分母的数字根是9和8；在94+6的情形下，分子分母的数字根是3和2，因此，只有这些特殊数字根的分数才会被使用，而发现这些规律需要花费大量时间。

对于一些明显不符的数字，相信所有的读者都可以看出来。比如，5不能出现在整数部分，那么分数部分就一定会出现5或0，10的整数倍同样不可以出现在整数部分，比如80和90等。像79、89等包含9的数字同样不能出现在整数部分，因为9出现在整数部分的话，分数部分的值必然是11，21，31等。为使分数的值的个位是1，分子分母的个位必然相同，这就会出现重复数字。重复的数字同样不可出现在整数部分，像是 77、88 等，这显然和题意不符。对读者来说，这些都显而易见。同样我们可以很快排除 74+26、83+17、86+14、98+2 等这些情况，只是我们的空间有限，在这里就不做解释了。

在对某些不合题意的组合进行排除之后，还要对剩下的可能出现的形式进行分析。它满足了我们的基本形式却不一定满足我们题目的要求。因为没有数字根为 2 的形式，所以我们很快可以把 98+2 的情形否决。可是在 97+3 中，对数字根为 6 和 5 的情况我们似乎可以找到，但进一步思索后，我们发现这样的情况根本不存在。可能会有重复的数字出现在结果内；另外 12 和 23 不可以作为整数部分，因为它的分数部分找不出足够小的分母。所以，工作量在使用排除法时被大大简化了。

096. 更多的带分数

15 和 18 没有答案，这是这个题目的关键所在。要得出结果，没有简单的办法，只能通过实验。下面是有解的数字的 10 个结果：

$13=9\frac{5\,472}{1\,368}$　　$14=9\frac{6\,435}{1\,287}$

$16=12\frac{3\,576}{894}$　　$20=6\frac{13\,258}{947}$

$27=15\frac{9\,432}{786}$　　$36=24\frac{9\,756}{813}$

$40=27\frac{5\,148}{396}$　　$69=65\frac{1\,892}{473}$

$72=59\frac{3\,614}{278}$　　$94=75\frac{3\,648}{192}$

16、20、27 只有一种排列方式，其他的则不只一种。虽然我们可以用简分数很快表示出 15 和 18，可是用既有整数部分又有分数的带分数表示法却无法找到方法。可是我找到了一种繁分数的形式来表示它们。

$15=3\cfrac{8\,952}{\cfrac{746}{1}}$　　$18=9\cfrac{5\,742}{\cfrac{638}{1}}$

在由 1 到 100 的所有数字中，除了 1、2、3、4、15、18 这六个数字外，其余的我都找到了合适的解，对于 1、2、3 这三个数字，我们一眼就可以看出它们没有合适的结果。另外有很多数字的表示还不止一种。

097. 最大最小平方数

如此大的平方数，所有的列表中都没有给出过。30 384 的平方数 923 187 456 是最大的，11 826 的平方数 139 854 276 是最小的。

098. 奇妙的 11

想要是 11 的整倍数，首先要所有奇数位上的数字和等于所有偶数位上的数字和。896 743 012 的奇数位和偶数位的数字分别是 2、0、4、6、8 和 1、3、7、9，它们的和都是 20，同样适用于这个规律的还有奇数位的和与偶数位的和之间的差是 11，或者是 11 的倍数，这就没多少人知道了。根据这个规律我们可以减少很多的实验找出结果。11 的最大倍数是 987 652 413，最小倍数是 102 347 586。

099. 4 个 7

$\frac{7}{0.7} \times \frac{7}{0.7}$ =100 是正确的结果。

100. 数字 100

其实某些读者认为这个谜题的答案有很多，主要是因为他们没有仔细研究题目要求。这正是我附加使用运算符号要做到最简化、笔画最少等条件的原因，这样符合要求的一定只有一个，并且是唯一的一个。

我们可以通过一种方法写出很多结果，但不是全部结果，不像前面的平方数一样。对于许多数字使用符号连接后结果为 100 的排列方法，下面有很多种，可这并不是全部方法。其实对于我们的结果是否最为合适，没有什么原理和特殊的方法来加以证实。这只是我目前找到的最佳结果。我会把一些有趣的样本展示给读者，前面的经常出现，最佳的结果是最后一个。

符号数量	笔画数量	样本
8	16	1+2+3+4+5+6+7+8×9
7	14	1+2×3+4+5+67+8+9
6	11	1×2+34+56+7−8+9
9	15	(1+2+3−4)×(56−7−8+9)
8	15	1+2×3+4×5−6+7+8×9
8	15	1×2×3−4×5+6×7+8×9
6	7	123−4−5−6−7+8−9
6	11	12+3−4+5+67+8+9
4	6	123+45−67+8−9
3	4	123−45−67+89

括号在上面被作为一个符号，笔画是两笔。最简单的是最后一个，我想一定还可以超越。

101. 骰子上的数字

6666 和 4 个数字之和的乘积与被四个数字组合出的所有四位数的总和相等。1、2、3、4 的和是 10，所以 66 660 就是被它们组成的所有四位数的和。可是在 1、2、3、4、5、6、9 七个数字里任意选出 4 个数字的情况有 35 种，一定不要忘了 9 和 6 这个陷阱。35 组数字的和是 600，所以 3 999 600 即 6 666 和 600 的乘积是正确答案。

假如用 1 到 9 这九个数字来替代骰子。同一数值可能由不同的几组的 4 个数字相加得出。如下表：

10	11	12	13	14	15	16	17	18	19	20	21	22	23	24	25	26	27	28	29	30
1	1	2	3	5	6	8	9	11	11	12	11	11	9	8	6	5	3	2	1	1

所有 4 个不同数字有可能得出的和都列在了图表的第一行，下面一行表示的是可能得到这个和的 4 个数字的种类。比如，有 3 种不同组合方式可以得到和是 13 的 4 位数，它们分别是 1 246、1 237、

1 345，126 是下面一行中所有数字的和，这是在 9 个数字中取出任意 4 个数字的情况。根据这个表格，下面我们可以很快给出题目结果：和为 14 的所有 4 位数的总和是多少？根据表格，5 和 14 的乘积再乘以 6666 就是我们要的答案。所以要得出所有 4 位数的总和，只要把所有上下对着的两个数相乘，之后把所有的和相加，再和 6 666 相乘就可以得出其结果为 16 798 320。

对于下面给出的通用答案，相信读者朋友们一定很喜欢，因为它适用于所有的数字。数字的数量用 n 表示，那所需的和就是 $\frac{5(10^n-1)8!}{(9-n)!}$。我们应当注意的是 0！等于 1，下面的使用规则可以通过它来化简，4×7×6×5…… 一直到因数（n–1）；把（n+1）和 1 个 0 添加到得数右边，再用两个数前者减去后者即可。对于 n 为 4 的情况，4×7×6=168，把 5 个 0 和一个 0 分别添加在后面，得出 16 800 000 和 1680，它们的差为 16 798 320。

102. 圆桌的直径

这一类的问题大多会被小学生们归入解二次方程的问题。但是其实它就是个计算题。12 的平方 144 刚好是到两面墙的距离乘积再乘以 2 的结果。而 17 是两个距离的和，分别相加和相减 12 和 17 之后得出的结果分别是 29 和 5，这就是桌子的半径，再乘以 2 就是直径。所以 58 英寸和 10 英寸就是桌子的直径。可是依据谜题图中所示，10 英寸是根本不正确的。所以 58 英寸才是桌子的真正直径。男孩用手指的油迹应当是在桌子靠墙的那面。假如是在桌子远离墙的最远处，那直径就是 10 英寸。

103. 学生的人数

20 个女孩和 10 个男孩是这个题目的正确答案。380 是女孩们之间的鞠躬数量，90 是男孩们间的鞠躬数量，400 是男孩和女孩间的鞠躬数量，30 个是男孩和女孩对老师的鞠躬数量。老师不用给学生鞠躬，这一点一定要谨记。

104. 洞口的深度

“再挖两倍深度”和“再挖同样的深度”是有区别的，他要挖的深度是现在的 2 倍，因此，洞挖完后是目前的 3 倍。由此可得，3 英尺 6 英寸是目前洞的深度。而 2 英尺 4 英寸是洞口和头顶的距离。10 英尺 6 英寸是洞口完工时的深度，到那时洞口和头顶的距离是 4 英尺 8 英寸，刚好是原来的 2 倍。

105. 五捆干草

289 磅是 5 捆干草质量的和，这是把上面的 10 个数字相加后除以 4 得出来的结果。假如我们用 A、B、C、D、E 分别代表 5 捆干草的质量，并且 A 最轻，E 最重，所以最轻的两捆A和B的重量一定是110磅，而A和C的质量稍稍重一些，为112磅。D和E是最重的，它们的和是121，E和C的质量和是120磅，因此，A、B、D、E的和是231磅，所以C的质量是289和231的差，也就是58磅。结果，5捆干草的质量完全可以通过减法一一计算出来，它们是54磅、56磅、58磅、59磅、62磅。

106. 格宾斯先生的蜡烛

两根蜡烛燃烧后剩余的长度分别是原来长度的$\frac{1}{16}$和$\frac{4}{16}$，燃烧的时间为3小时45分钟。

107. 警察抓小偷

30步。小偷在这个时间里跑出的距离是48步，27步是两个人开始的距离，75步是总距离，警察用30步就可以完成这个距离。

108. 议会的投票

23种是选民们对一个候选人投票的方法，253种是对两个候选人的投票方法，1 771种是对3个候选人的投票方法，8 855种是对4个候选人的投票方法，33 649种是对5个候选人的投票方法，10 0947种是对6个候选人的投票方法，245 157种是对7个候选人的投票方法，490 314种是对8个候选人的投票方法，817 190种是对9个候选人的投票方法，而总共的投票方法是1 698 159种，是以上数字的和。

109. 马德镇的选举

1 553票、1 535票、1 407票、978票分别是自由党、保守党、民主党、社会党所得到的票数。计算自由党选票的方法就是让总票数5 473加上自由党分别超越其他三个政党的票数18、146和575，得出6 212票，之后除以4就可以了；之后再根据差额分别求出其他三个政党的选票数量。

110. 参会的人数

有18个人参加了会议，之后离开了11人，这距离$\frac{2}{3}$仅有1人之差。假如有$\frac{1}{2}$离开，那就是9个人。

111. 妇女求婚的人数

求婚的妇女有11 616人。具体的数据如下，对于答案正确与否，读者可以进一步验证一下。老处女的人数是10 164人，嫁给单身汉的有8 085人，嫁给鳏夫的有627，被单身汉拒绝的有1 221人，遭鳏夫拒绝的有231人；寡妇的人数有1 452人，嫁给鳏夫的有297人，嫁给单身汉的有1 155人，寡妇中没有被男士拒绝的。这个题目其实很简单，前提当然是我们要正确理解题意。

112. 栗子争夺战

26 880是最小的可以满足题意的栗子数量。而安德鲁、鲍勃、查理、埃德、大卫分别分到的个数为 2 863、6 335、2 438、4 950、10 294。题目最后的一句中的$\frac{1}{5}$是个陷阱，这不是总量的$\frac{1}{5}$，而是$\frac{5}{8}$的$\frac{1}{5}$。

113. 为难的僧侣

男人有5个，妇女有25个，小孩70个，这是唯一符合题意的答案。总人数为100，男人的5倍是妇女，15蒲式耳是男人分到的总数，50蒲式耳是妇女分到的总数。35蒲式耳是小孩分到的总数，100蒲式耳刚好是他们分到的总和。

114. 玉米地的面积

46.626平方米是这块地的总面积。儿子分到的部分是23.313平方米，正方形的边长为4.8284米，折合成亩数刚好为0.2914亩，这在$\frac{1}{4}$亩和$\frac{1}{3}$亩之间。

115. 有关遗产的分配

所有100英亩的土地在查尔斯去世后只能分配给阿尔弗雷德和本杰明两个人，但是分配比例可以不用变换。$\frac{1}{3}$和$\frac{1}{4}$也就是$\frac{4}{12}$和$\frac{3}{12}$，两数比是4比3，所以这100英亩土地的$\frac{4}{7}$是阿尔弗雷德的，$\frac{3}{7}$是本杰明的。

116. 毁坏的数字

9 801是另外符合题意的四个数字。中间分开得出98和1两个数字，相加再乘方得出9 801。其实符合条件的还有2 025，这里面有两个2，这是重复的。

117. 奇特的数字

1 680、57 120、1 940 448 是除48之外最小的三个数字，三个数字分别加1得到的1 681、57 121、1 940 449分别是41、239、1 393的平方，而它们的$\frac{1}{2}$加1所得的841、28 561、970 225分别是29、169、985的平方数。

118. 错误的印刷

这样的结果只有唯一的一个，那就是$2^5 \times 9^2$，这个算式的结果是2 592。

119. 守财奴的转变

对于杰斯佩先生分发财产的具体年份，题目并没有直接告诉我们，可是要找出最小的一笔钱数，首先要把年份弄清楚。根据存在52个星期天和53个星期天的平年和闰年分，有4种不同的情况：

具体的钱数	一年中的工作日	周日的个数
19 345 英镑	312	53
112 055 英镑	313	52
69 174 英镑	313	53
没有答案	314	52

所以19 345是最小的一笔钱数，分发的年份是平年，而这一年的第一天就是星期天。1911年是唯一一个已经过去但和这个条件相符的年份。53英镑是他在不休息的情况下每天分发的钱数。62英镑是休周

日后每天分发的钱数，这样最后会有1英镑的剩余。

120. 土地的实际面积

对于稍有些代数知识的人来说，这个谜题特别容易，但是其趣味性真的很大。

正方形的一个角，只有土地的面积为501 760英亩时，它才可以满足题目中的所有条件。可是只有在土地的边长达到28英里长时，奥克斯利先生才能实现自己的愿望，这样的面积要比威斯特摩兰郡的面积还要大。

对于题中牧场面积要符合的条件，我没有太注意，当然这样的面积还没有超过英国。这样规模化的东西对奥克斯利先生来说的确很受欢迎。他之所以坚持或许是他还没有弄清楚自己将要完成的是个什么任务。

对于长度为$2\frac{1}{2}$杆的横杆，我这里有个小规则。正方形土地面积的平方英里数刚好和栏杆中的横杆根数与4的乘积相等。所以，土地的面积为4平方英里时，围栏的横杆有一根；面积为8平方英里时，横杆有2根；面积为12平方英里时，横杆有3根；面积为28平方英里时，横杆有7根。

121. 古老的游戏

他们投掷出的骰子变化数总共有216种变化方式，其中为7或者11的有42种，所以他们赢得游戏胜利的概率为42比216。

122. 分布在圆周上的平方数

初学者可能会被这个谜题吓倒，其实这个谜题十分简单，尤其是在给出了4个数后，这个题目就更显得简单了。

所有直径上两个正方形的数平方差相等，这一点我们不难发现。比如是14和2的平方差为192，同样192还是16和8的平方差，这一特点适用于所有的直径。另外两个连续数字的平方差和其中较小的数的两倍加上1相等的，以及两个数的平方差为两个数的和与两个数的差的乘积，这些我们同样不能忘记。比如，$5^2-4^2=(2\times4)+1$。而$7^2-3^2=(7+3)(7-3)$。

如今，我们可以用2×96、4×48、6×32、8×24、12×16五组偶数的乘积来代表192，用2分别整除这些数得出1×48，2×24，3×16，4×12，6×8。我们要找的就是这五组数的和与差，它们分别是47、49；22、26；13、19；8、16；2、14，图中已经给出了其中的四个数。其余数就是6个剩余的数。它们的排列顺序是16、2、49、22、19、8、14、47、26、13。

还有一个小的规律等待我们去揭示。直径上相对的两个数字增长的规律相同，4和6是第一组，是下一个之前的数字倍数加1得到的。所以2是第一个的差额，其余为4、6、8、12。答案在存在分数的情况下将会有更多。$4n+6$就是这个圆周中平方数的个数，换句话说，4 的倍数与 6 的和构成了这个数字。

123. 奶牛生意

150 美元和 50 美元分别是两头奶牛的进价。

124. 莱克布恩的本钱

13 先令是教授开始的钱，4 先令是波茨先生开始有的钱，7 先令是波茨夫人开始有的钱。

125. 贷款买房

房价是 5 329.4768 美元。

126. 绵羊的数量

正确的答案是 1 只绵羊。当然，分的时候最好是将重量来作为分配标准，假如分成$\frac{2}{3}$和$\frac{1}{3}$两部分，那么两个数的平方差和两个数的差相等。

127. 抛硬币的输赢

克鲁克斯一定赢不了，玩的次数越多输得越惨。这并不会受到输赢顺序的影响，前提当然是输赢的次数要相等。

128. 花生的个数

321 个。

129. 小男孩的重量

39.79 斤小男孩的体重。很容易求出每块砖头重 3 斤，用 16 块砖的重量乘以 11 块砖的重量求出其平方根，就可以得到正确答案。

130. 年金的数量

35 美元。在第一次领取年金时菲比 10 岁，玛丽 8 岁，塔罗 2 岁，17.5 美元、14 美元、3.5 美元是三个分别分到的年金数量。三个人在六年后的年龄分别是 15、13 和 7，这三个数的和刚好是 35。而 15、13 和 7 分别是三个人分到的美元数量。

131. 财产的分配

最为合理的分配结果是妻子分其财产的$\frac{2}{7}$，儿子分$\frac{4}{7}$，女儿分$\frac{1}{7}$，这是因为根据客户的遗愿，儿子得到的是妻子的 2 倍，女儿得到的是妻子的$\frac{1}{2}$。

132. 认清楚自己的妹妹

史密斯、布朗、琼斯、鲁滨逊的妹妹分别是简、凯特、安妮和玛丽。

133. 奇怪的定义

说两者没有区别是指边长为 1 英里的正方形和一平方英里的正方形面积一样。可是它们的形状不一定相同。前者的面积确定，形状同样是确定的，可是后者的形状可以是任意的。

134. 股份分配

500 美元是琼斯的，其余 2 000 美元是布朗的，因为琼斯原来的投资是 3 000 美元，布朗原本的投资是 4 500 美元。

135. 罢工花费

13 先令 6 便士是比尔的旅游花费。

136. 看似简便的乘法

3 529 411 764 705 882 是本题的答案。这个数和 3 相乘，随后被 2 整除得到 5 294 117 647 058 823，原数开头的 3 被移动到了最后。

137. 除法问题

利用四个数字分别相减，得到的结果就是 1 611、1 253、895、716，还有两个 358，而 358 是 179 的 2 倍，所以 179 就是我们要的除数，经试验得出余数为 164。

138. 小鸡和牲畜的交换

根据集市上的行情，我们不难计算出 25 只小鸡可以交换 1 头牛，60 只小鸡可以交换一匹马。价值为 475 只小鸡的 7 头牛和 5 匹马是夫妻两人已经选好的。用小鸡交换奶牛刚好使奶牛的情况加倍，所以小鸡的数量为 650 只。

139. 正方形的面积

31 英寸、41 英寸、49 英寸是三块木板的边长，它们的面积差都是 5 平方英尺。边长分别是$\frac{113}{120}$、$\frac{337}{120}$、$\frac{463}{120}$的三块木板其面积差都是 7。边长分别是$\frac{80\,929}{19\,380}$、$\frac{106\,921}{19\,380}$、$\frac{127\,729}{19\,380}$的三个正方形面积差都是 13。

140. 小鸡的数量

300 只小鸡。饲料正常使用可以用 60 天。所以总的饲料份数为 300 和 60 的乘积，也就是 18 000 份。按照妻子增加 100 只小鸡的想法，饲料还够用 45 天，而依照丈夫的想法减少 75 只小鸡，饲料可以维持 80 天。

141. 黑斯廷斯战役

战争中的士兵必须是整数，分数没有实际价值。另外，要想使某个数和一个平方数相乘之后再加上 1，得出的结果还是个平方数，那么这个数肯定不是平方数。

61 是 2 到 99 的所有数值中最难弄清楚的一个。哈罗德军队的最少人数是 3 119 882 982 860 264 400，换句话说，单个方阵的人数为 226 153 980 的平方——51 145 622 669 840 400 人，方阵成为正方形后，单边的人数为 1 766 319 049 人。

142. 雕刻底座

结果必然是分数，这一点只要稍微用心就可以想出来。并且多数时候分子都要小于分母，分子比分母大的情况只有一种。要使最后的边长尽可能小，大小立方体的边长分别为$\frac{8}{7}$英尺和$\frac{3}{7}$英尺。$\frac{11}{7}$是线性测量的结果。而两个立方体的体积之和为$\left(\frac{8}{7}\times\frac{8}{7}\times\frac{8}{7}\right)+\left(\frac{3}{7}\times\frac{3}{7}\times\frac{3}{7}\right)=\frac{539}{343}=\frac{11}{7}$。所以两者的结果相同。

亚历山大4世纪的作品中开始萌发这样的想法。这些分数总是以a、b、c来表示，3个一组的形式出现。其中最大的是a，最小的是c。

分数的分母就是$ab+c^2$，三个分子分别是a^2-c^2、b^2-c^2，a^2-b^2。用3、2、1分别代表其中的a、b、c、就可以得出$\frac{8}{7}$、$\frac{3}{7}$、$\frac{5}{7}$。要得到和上面同样的结果可以用$\frac{8}{7}$和$\frac{3}{7}$来进行搭配，还有一种结果是把$\frac{8}{7}$和$\frac{5}{7}$搭配在一起。

分母只能是13、19等如$6n+1$的质数，可是不能为25、55、187等。

有了上面的规律，再多的正立方体边长我们都可以写出来。比如读者朋友们用大量的9构成的$\frac{99\ 999\ 999}{99\ 990\ 001}$和$\frac{19\ 999}{99\ 990\ 001}$就非常符合题目中的意思。

143. 吝啬鬼

386、8 450和16 514分别是三个箱子里面装着的钱数，最少的钱数是386。假如问题换成是金币的总数最小值，结果就会变成482、3 362、6 242，它们中随意两个箱子里的总钱数都是个平方数，这样的几率很小，这是个巧合。

144. 9个藏宝箱

正确的结果，由A到I分别是4、3 364、6 724、2 116、5 476、8 836、9 409、12 769、16 129。

它们的平方根一一对应的是2、58、82、46、74、94、97、113、127。所有相邻数字的差为3360。

145. 抢劫金币的数量

关于200个金币，这五个人有6 627种不同的方法。1到11中的所有数值都满足A持有金币数量的要求。假如A持有1个金币，其余金币还会有1 005种不同分配方式；假如A持有2个金币，那分配剩余金币的方式是985种；假如A持有3个金币，其余分配方式有977种；假如A持有4个金币，其余不同的分配方式有903种；假如A持有5个金币，其余不同的分配是有832种；假如A持有6个金币，其他不同的分配方式有704种；假如A持有7个金币，其余不同的分配方式有570种；假如A持有8个金币，其于不同的分配方式有388种；假如9个被A占有，其余金币的分配方式有200种；假如A持有10个金币，其余金币有60种不同的分配方式；假如A持有11个金币，其余金币还剩余3种不同分配方式。而11个金币是A持有的最大数量。对全部的6627种方法，我们不可能一一列举清楚。假如读者高兴可以把A持有1个金币的金币的情况全部写出来。我将以A持有6个金币的情况为例，对怎样得出704种方法进行说明。解答所有谜题的关键就在于下面的两个表格。

表一

$A = 6$

$B = n$

$C = (63-5n)+m$

$D = (128+4n)-4m$

$E = 3+3m$

表二

$A = 6$

$B = n$

$C = 1+m$

$D = (376-16n)-4m$

$E = (15n-183)+3m$

在表一中，1 至 12 中的所有整数都可以满足 n 的取值，而 0 和 1 至（$31+n$）之间的所有整数都满足 m 的取值要求。而在表二中，13 至 23 中的所有整数满足 n，0 或者是 1 至（$93-4n$）之间的所有整数满足 m。n 在表一中的结果应当有 $32+n$ 个，在表二中的结果应当有 $93-4n$ 个。所以表一的 462 个和表二的 242 个的和就是一共的结果 704。

把 n 的值为 5，m 的值为 2 代入表一，同样把 n 为 13，m 的值为 0 代入表二，得出的两组 A，B，C，D，E 数值分别为：6、5、40、140、9 和 6、13、1、168、12、两组的和都是 200。

在 6 个金币被 A 占有之后，把不同的 m、n 值分别代入公式就可以得出不同的结果，共计 704 个。也就是说，两个表格可以分别代表两个等差数列，1 和 −4 分别是它们的公差。一个是和为 462 的 33、34、35、36、…、43、44 的数列；另一个是和为 242 的 42、38、34、30、…、6、2 的数列。这个结果和前面的结果相等。找出等差数列的首个和最后一个数是这个谜题的重点所在。当有 9、10 或者 11 个金币被 A 占时，等差数列就剩下第二种，也即唯一的一种。

146. 石匠的困惑

根据题意 $23^3+24^3+25^3=204^2$ 显然不合题意，可是 $25^3+26^3+27^3+28^3+29^3=315^2$ 却是和题意比较相符。可这并非是最小的石块数量。最小的答案应是 $14^3+15^3+16^3+17^3+\cdots+25^3=312^2$。

147. 参军人数

5、13、17、29、37 是满足 4n+1 形式的最小质数；而 3、7、11、19、23 是满足 4n−1 形式的最小质数。总可以表示为两个平方数和的是第一组质数，但表示方式是唯一的。比如 4+1=5；4+9=13；1+16=17；4+25=29；1+36=37。可是我们无论如何也不能够用两个平方数的和来表示第二组质数。

只有把包含一种方式的质数混合在一

起才可以找到我们需要的数字。所以把仅有一种表达方式的 5 和 13 混合在一起变成 5×13=65，就会产生两种表达方式，而由 5×13×17 得出的 1105 有 4 种表达方式。由 5×13×17×29 得出的 32 045 有 8 种表达方式。我们的表达方式在每多混合一个质数的情况下就会增长一倍。可是这样的规律并不适用于因数重复的情况。比如 5×5 的情况，它的表达方式仅有一种，而不是两种；另外 5×5×5 得出的 125，它的表达方式是两种，5×5×5×5 得出的 625 表达方式有两种，如果多混合一个 5，表达方式会变成 3 种。

假如这个混合数是用上面的第二组质数表示，它还是不可以分为两个平方数的和。比如由 3×5 混合得出的 15，以及 3×3×3×5 混合得出的也 135 都不可以。假如 3 的个数是偶数，那就可以用平方数之和的形式表示，因为 3 的乘积本身就是个平方数。例如由 3×3×5 或者 9×5 混合得出的 45 就可以用 36 与 9 的和表示。

看一个数是否可以写成两个平方数的和，完全可以通过把其分解质因数来验证，并且还可以十分轻松地得出分解成多少组。比如 130 可以被分解为 2×5×13，因为 1+64 和 16+49 是 65 的两种表达方式，所以 130 的表达方式也有两种，结果不会受到因数 2 的影响。

而 160 225 可以被分解为 5×5×13×17×29，这些质数都是上面第一组中的，因为 5 重复了，所以表达方式有 12 种，这个数是最小的一个。其 12 组平方数分别是：76 与 393，32 与 399，15 与 400，140 与 375，81 与 392，113 与 384，183 与 356，175 与 360，216 与 337，228 与 329，311 与 252，300 与 265。

148. 三角数问题

桑迪妻子必需攒到相当大的一笔钱才可以领到第六份奖励。可以表示为一个平方数、一个三角数、两个三角数、三个三角数的数，连续 5 个，还要比 36 大。

所有三角数和 8 相乘后加 1 得出的结果总是一个奇数的平方，这一点适用于所有的三角数。比如 3、5、7、9、11 的平方数 9、25、49、81、121，这些数是由 1、3、6、10、15 和 8 相乘之后加 1 得到的。所以三角数的平方数和 8 相乘之后再加 1 得出的一定是个平方数。首先要找到第一个数，这样就会很容易找到别的数。观察下面的一组数据：

$3^2=8\times1^2+1$

$17^2=8\times6^2+1$

$99^2=8\times35^2+1$

$577^2=8\times204^2+1$

$3363^2=8\times1189^2+1$

$19601^2=8\times6930^2+1$

这样就可以找到连续的数组：

6=（1×3）+（3×1）

17=（8×1）+（3×3）

35=（17×1）+（6×3）

99=（6×8）+（17×3）

204=（99×1）+（35×3）

577=（35×8）+（99×3）

如此推理，谜题的答案就隐藏在上面的数里。

结果，我们找到了既可以组成正方形也可以组成正三角形的数，它们分别是 36、1 225、4 1616、1 413 721、48 024 900、1 631 432 881。由它们组成的正方形边长分别为 6、35、204、1 189、6 930、40 391，正三角形的边长分别为 8、49、288、1 681、9 800、57 121。用表一中最后一列的方法就可以得出上面数，用 2 去除这些数，舍去余数，得出 849 和 288 分别是 1 799 和 577 的$\frac{1}{2}$然后舍掉小数部分的数字。

用两个或者三个三角数就可以表示出所有的数。所有的平方数都可以用两个三角数表示出来，这一点完全可以通过下面的图形看出，有一个三角形的边长和正方形边长相等，有一个三角形的边长为正方形边的长减去 1。

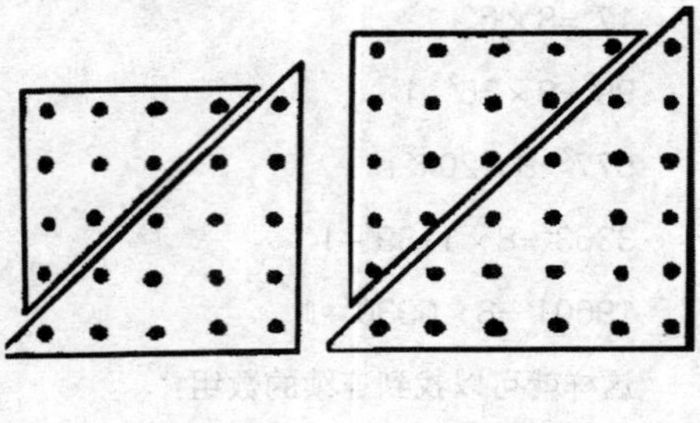

所以，要把平方数分成两个三角数并非特别难。并且相邻的两个三角数的和始终是个平方数。比如平方数数列 9、16、25、36、49、…就是通过三角数 1、3、6、10、15、21、28 相邻两个数相加得出来的。

用三个三角数来表示平方数同样并排特别难，不一定非要用检验的方法获得。对所有比 6 大的三角数变换为 3 个三角数的情况，我进行一下说明。下面我把三个正三角形的边长列出来，请朋友们帮忙验证。

数	正方形边长	等边三角形边长	两个正三角形边长	三个正三角形边长
36	6	8	5+6	3+5+5
1 225	35	49	34+36	16+32+33
41 616	204	288	203+204	95+192+192
1 413 721	1 189	1 681	1 189+1 188	560+1 120+1 121
48 024 900	6 930	9 800	6 390+6 929	6 533+6 533+3 267

其他方式也可以分解最后一列。可是满足我们要求的仅有一种方式。所以 1 631 432 881 为最后结果。

149. 艰难的炮兵

我们先要把可以满足条件的炮弹数量找出来，对于那些刚入门的新手，我会注意自己的语言表达。

1	2	3	4	5	6
1	3	6	10	15	21
1	4	10	20	35	56
1	5	14	30	55	91

我们把自然数的正常序列放到了第一行，第一行之前所有数的和是第二行的数，

比如第二行第二列中的 3 是 1 和 2 的和；而第三列的 6 就是 1、2、3 的和、按这个规律可以得到所有的数。下面的第三行和第四行的规律与第二行相同。比如第四行第五列的 55 就是 20 各 35 的和。很多三角关系存在于第二行的数字中，换句话说，在地面上我们可以把相等数量的炮弹摆成一个正三角形。而我们根据第三行的数字可以把炮弹排放成一个三棱锥，正四棱锥完全可以通过第四行的数字摆出来。

两个三棱锥的总和就可以得出一个正四棱锥。两个三棱锥的某一边炮弹数量相等，另一边则少了一个炮弹。假如上面的表格被我们扩大到 24 列，那么 4 900 这个数字就会出现在第 40 行里。这个数刚好是 70 的平方数，正四棱锥同样可以摆出来。数学谜们对这样的数列推理并不十分感兴趣，可这些推理毕竟可以有效解决一些难题。其实，我们必须承认 4 900 是我们目前掌握的唯一可以满足要求的数字，对于是否唯一我们还没有证明。即便是存在第二个数字，那也是一个天文数字，但我不相信它真的存在。

对于正四棱锥里包含的炮弹数量，我可以通过表达式$\frac{2n^3+3n^2+n}{6}$来表示，这要感谢我高超的数学才能。只有在 $n=p^2-1=6t^2$，并且$2p^2-1=q^2$时这个表达式才表示平方数，1 不包括在内。根据上面的提示，我们得出 n 为 24，p 为 5，t 为 2，q 为 7。

150. 荷兰人的妻子

因为一头猪的价格是 1 先令、两头猪的价格是 2 先令、三头猪的价格是 3 先令，所以他们在买卖中付出的先令数一定是个平方数。其中丈夫花费的平方数比自己的妻子花费的平方数多付出 63 先令。所以对使两个平方数的差额为 63 的方式进行寻找就是我们首先要做的。满足这个条件方式方法只有三种：8 和 1 的平方差；12 和 9 的平方差；32 和 31 的平方差。其中三个妻子购买猪的数量和与支付的先令数对应着 1、9、31，丈夫们购买猪的数量与支付的先令数对应着 8、12、32。由此得出对三对夫妻的配对，科尼和格鲁塔，他们购买的猪的数量分别为 8 和 1；贝恩和凯特路购买的猪的数量分别是 12 和 9；亨利和安娜购买的猪的数量分别是 32 和 31。

151. 对艾达姓氏的寻找

艾达·斯密斯是她的全名，另外几个人分别是安妮·布朗、艾兴·琼斯、玛丽·鲁滨逊、贝西·伊万斯。

152. 周六的购物

她们的全名分别是安妮·琼斯、简·斯密斯、玛丽·鲁滨逊、凯特·布朗。8 个人最后平分的钱是 8 先令。

153. 被子的形状

我们会用图形来告诉大家怎样对被子

进行地裁剪。如图拆分出的5部分，其中F为正方形，希腊十字架可以由G，H，I，K四部分组合出来。至于四部分如何组合成十字架，读者朋友们可以在上文中的图13得到解答。

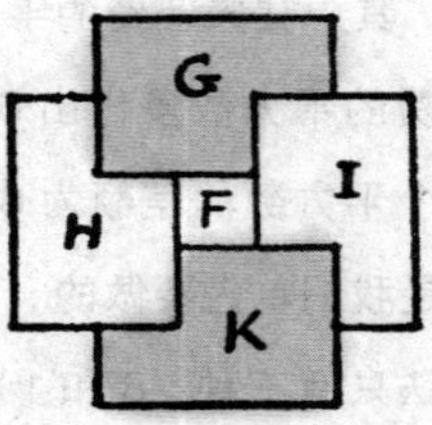

154. 希腊十字架

分割出来的5部分如图所示，其中A原本就是一个十字架，另外的一个十字架由B，C，D，E四部分组成。两个十字架大小一样。

把一个十字架分成三个十字架时候，怎样才能使切割部分尽可能少呢？这是一个难度稍大些的题目。结果为13份最少，对于这些没有结果的谜题，很多读者和著名的几何学家都十分乐意钻研，所以对于这个谜题的具体解答过程，我就暂不公布了。

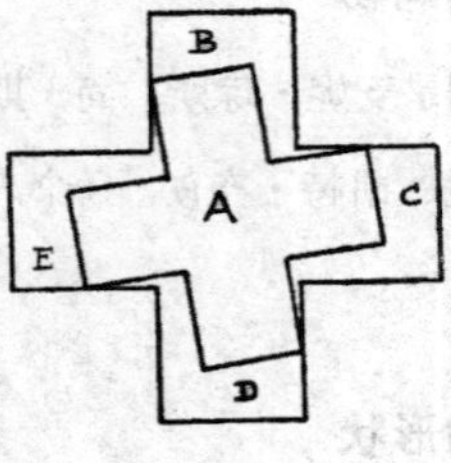

图1

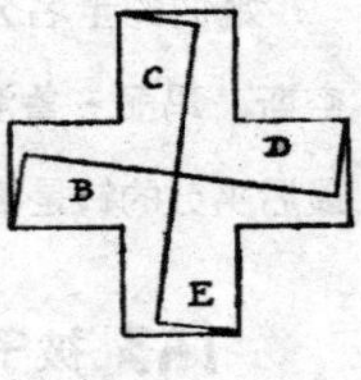

图2

155. 三角形与十字架

与十字架面积相等的正方形边长表示为图中的线段AB。关于正三角形和正方形在什么样的情况下面积相等的情况，我在上文已经告诉大家了，这里就不再重复讲述了。为了使三角形的面积和十字架的面积相等，寻找一条合适的边成为首要的问题。分割和组合是后面的问题。

先取十字架手臂的中点连接AB两点。随后取三角形边长的一半为半经，以C为圆心画圆弧交AB于D，以E为圆心画圆弧交DC于F。如图：轴心取E和F，之后以EF半径画圆弧，G就是它们的交点，把点G和点F连接在一起。最终使得$LB=AD$、$IK=HC$。做FG的平行线IL，这些标记为6部分的分割点。正三角形完全可以由这6部分组合出来。另外，首先把直线MN从三角形中找出来，用十字架上的点E来表示点O，之后使三角形沿着点O翻转。等到AB和MN平行时停止翻转。于是，第6部分就被标记出来了，然后通过连接可以把其余的几部分标记出来。

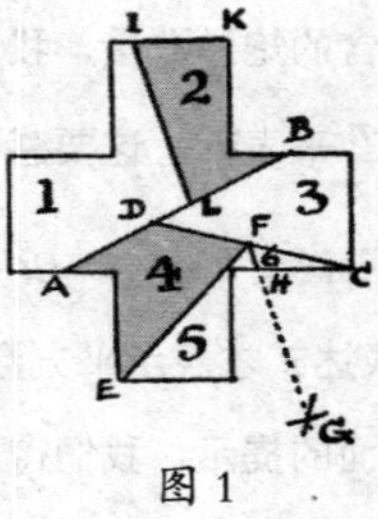

图1

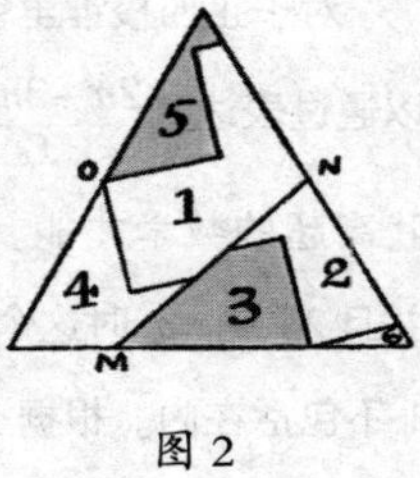

图2

156. 十字架的折叠

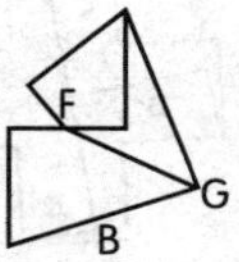

图 3

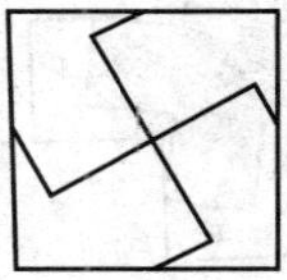
图 4

折叠痕迹如图中虚线所示。*CD* 是下一次折叠的痕迹，图 3 是最后的结果。*GF* 就是剪刀剪切的方向，得出的 4 部分大小形状都相同。图 4 就是这四部分组合出的正方形。

157. 比较容易的切割谜题

如下图所示：沿 4 条黑色实线将纸板切割就可以将纸板 4 等分。

答案提示：切割纸板之前，先用虚线将纸板分成 12 个大小相等的三角形，会将问题简化，然后很容易找到切割方法。

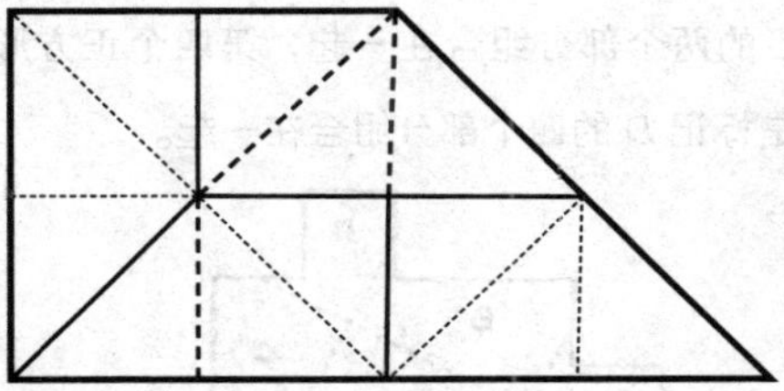

158. 剪出来的瑞士国旗

如图所示，剪开佳丽小姐右手里的余料，她左手里拿着的瑞士国旗图案就能够被拼凑出来。

159. 高兴地学习

第一个，薄饼在被切 7 刀后，最多分出 29 块。

第二个，之所以把剑做成弯曲的，这都是为了和剑鞘相匹配。

第三个，由于直角三角形的边长必须是整数，所以 47、1 104、1 105 是它们三条边的长度。应当注意的就是，直角三角形三条边都是整数，并且一条边长为奇数时，用下面的方法可以求出另外的两条边长。把这个奇数平方，取其一半的数的前后两个比较接近的数字，这就是另外的直角边和斜边。就以上面的例子来说，47 的平方是 2 209，取其一半为 1104.5。其前后两个最接近的整数是 1 104 和 1 105，这就是另外一个直角边和斜边的长度。假如已知直角边长是偶数，那另一条直角边长就是偶数的平方被 4 除，得出的结果再减去 1，斜边就是被 4 除后加 1。就以一条直角边长为 8 来说，64 是 8 的平方，另一条直角边为 $\frac{64}{4}-1=15$，斜边为 $\frac{64}{4}+1=17$。

160. 正方形谜题

下图就是解答方法，分为两部分的三角形就在中间，其余四个围在四周。

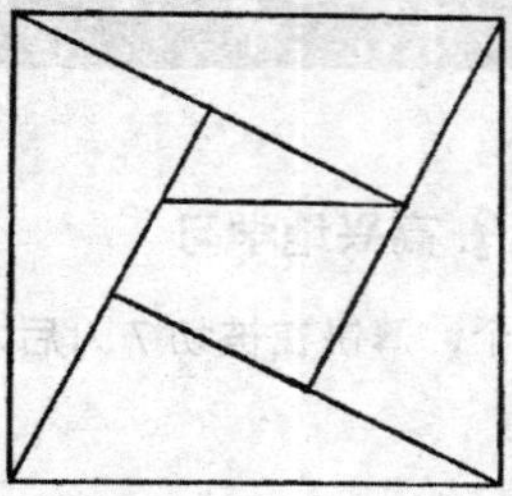

161. 分包子

用三个圆的直径构筑成一个直角三角形，其实，这就是题目的根源所在。如图，A，B，C 分别是三个圆的直径。我们可以看到大圆面积刚好是两个小圆面积之和。所以大包子的$\frac{1}{2}$就是全部的$\frac{1}{4}$，让我们用 D 和 E 表示分给大卫和艾德的部分。随后在另一个包子上面放上小包子 H，画好圆周之后再分成两半，这样 G 和 H 的和就是 F，这就是弗莱德和哈利的两份。包子被分成了 5 份，平均分给了 4 个人。

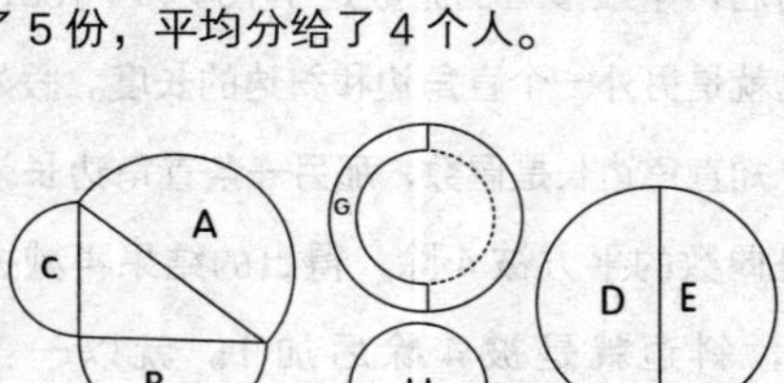

162. 护士小姐

剪开的方法如图 1，拼凑在一起的方法如图 2。

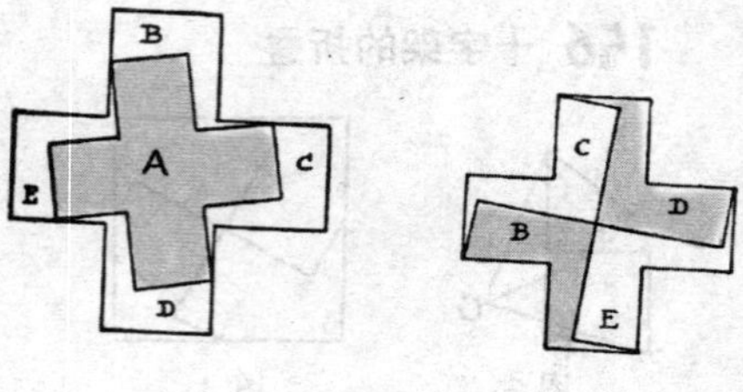

163. 印度花

图中就是拼凑的方法。

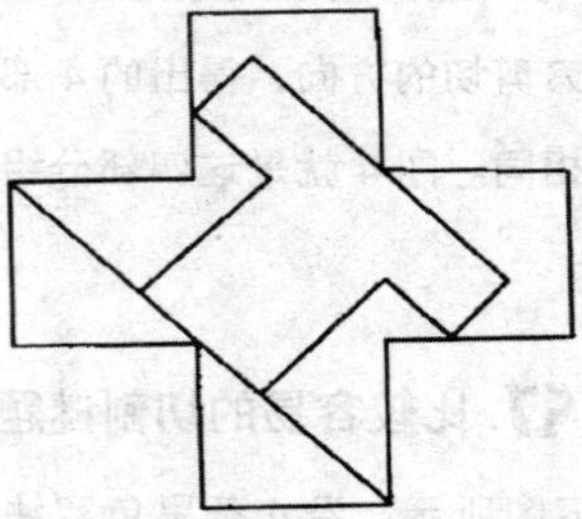

164. 正方形的巧克力

切割方法如下图。其中的 A 为一个单独的正方形，第二个正方形就是标记 B 的两部分组合在一起，第三个正方形是标记 C 的两个部分组合在一起，第四个正方形是标记 D 的四个部分组合在一起。

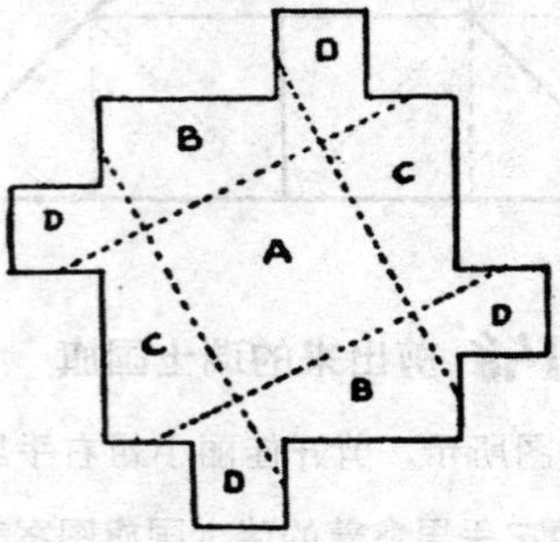

165. 切大饼

22 块是最多的，切割方法如图。为了

区分出哪一块是带馅的，厨师特意把“*TM*”标记在了大饼上。

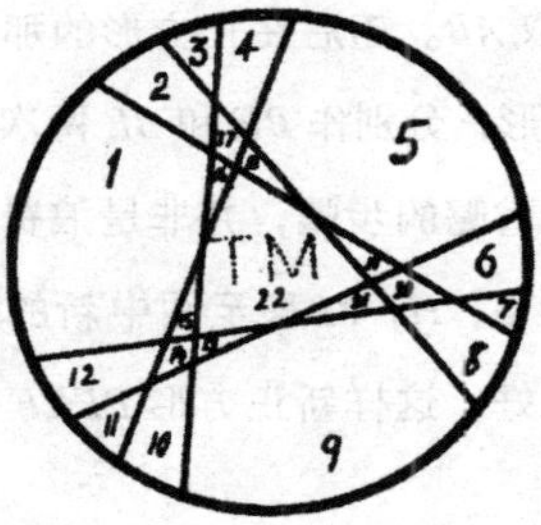

166. 节约布料

裁剪的方法如左图所示，组合的方法如右图。这样就得到了左图中心的一个和另外组合的一个，一共两个红十字。

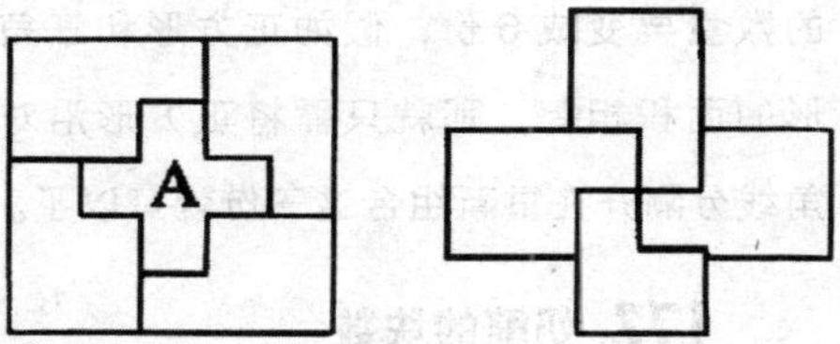

167. 用法冠组合正方形

对于5部分的具体分割方法如下图所示，为了找到 *C*、*F* 两点，我们画出了很多的虚线，这是需要大家深入思考的地方。$AE \parallel BH$，$AB=\frac{1}{2}BH$。把圆心定在 *B* 点，画弧线 *HE*，$BH=BE$，$AE=BC$。令 $FG=BC-AB$。

假如还要把一个附加条件添加到这个题目上，那就是分割出的4部分大小形状都相等，那这个题目将成为无解的死题。可是，我要把一个看似合情合理的解答展现给大家。

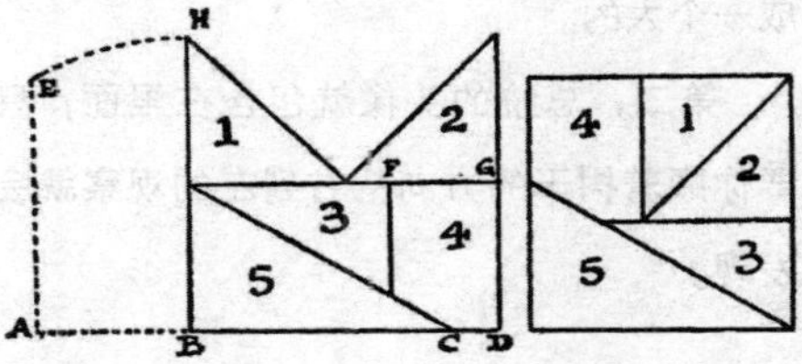

图中的 *A*、*A*，*B*、*B*，*C*、*C*，*D*、*D*，这些包含相同字母的两部分被我们看做是一部分。在几何学家看来这根本就是天方夜谭。即便是面积相同，形状也不会相同。

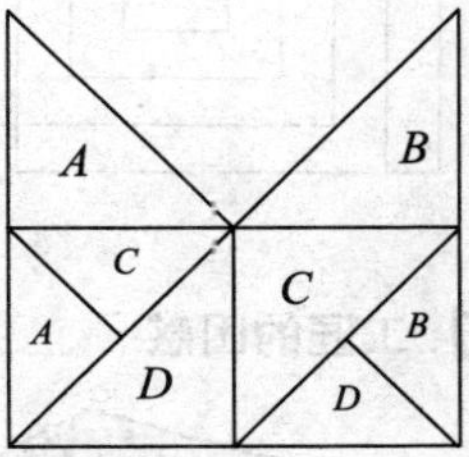

168. 两个小木匠

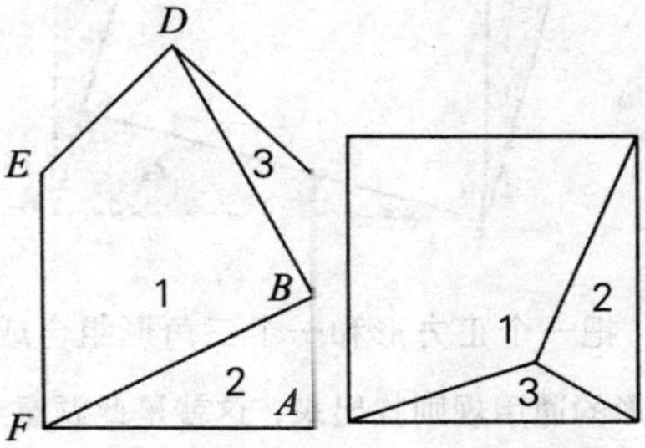

为了给狗窝做一扇门，桌面要被小木匠分成三块，方法如图所示。

169. 正方形的分割

第一，最简单的方法，应当是把它分成9个小正方形，最后在把其中的4个合成一个大的。

第二，总统的头像就包含在里面，只要你顺着树干的方向从右到左的观察就会发现。

170. 均分土地

分配方法如图。

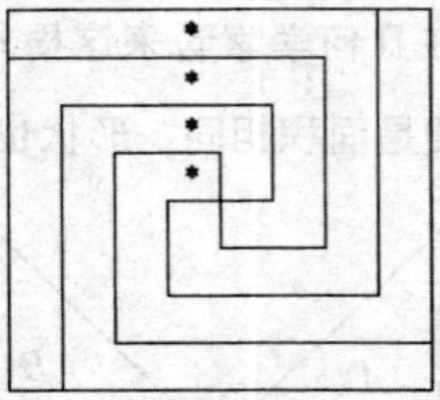

171. 工匠的困惑

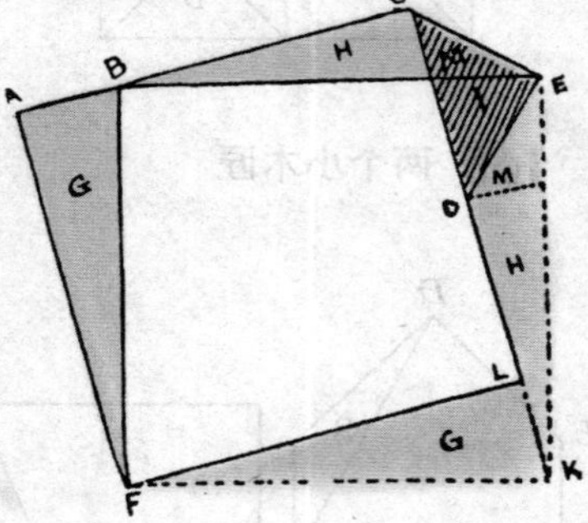

把一个正方形和一个三角形组合成正方形的通用规则找出来，这就是此题重点。这个三角形被几何学的研究人员称之为等腰直角三角形，这有些夸张，可是也并不是毫无用处，这刚好是正方形沿着对角线对折得出来的。

我们无需知道这个正方形和三角形的真实大小，只需将其分成5部分就可以了。

如图，*ACLF* 就是原来的正方形，*CED* 是原来的三角形。把三角形中 *CD* 边的中点找出来是首要的问题，按照其长度在 *AC* 上截取 *AB*。随后在正方形的那个位置放好三角形，分别作 *BF* 和 *BE* 两次分割。这是无法省略的步骤，并非是浪费。随后把三角形 *G*，*H*，*M* 移至图中新的位置并一一对应好，这样新正方形 *BEKF* 就组合好了。

取两块正方形的纸片，大小随意，沿着对角线把小正方形分割，在依照上面的说的方法重新组合，会有一个更大的正方形出现在你的面前，所有的部分无需翻转。

当正方形的面积比三角形小时，分出的数量要变成6份；假如正方形和三角形的面积相等，那就只需将正方形沿对角线分隔开在重新组合这三份就可以了。

172. 奶酪的块数

前面的大饼是平面的，可是奶酪是有一定厚度的，两者还是存在一定区别的。所以想要得到更多的块数，应当斜着切。正确的结果应当是42块，这是最多的。

173. 切割问题

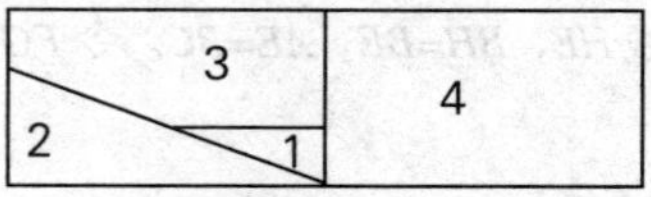

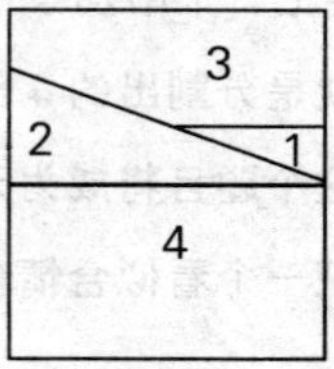

分割组合正方形的过程，上图中已经画出来了。把正方形的边长先确定好，之后的就没什么难的了。正方形的边长是长方形的长和宽的等比中项，假如长方形的纸带尺寸为 9×1，16×1，25×1，它们在组合成正方形之前，要被分割成长方形的个数分别是 3、4、5。和这些特殊的情况有区别的那就是长比宽的值比 n^2 大，可又比宽的（$n+1$）^{2} 小，把它组合成正方形要分割的块数是 $n+2$。其中会有 $n-1$ 块和上图中的第四块一样是长方形的。我们就以长是宽的 16 倍到 25 倍之间的 24 来说，它的尺寸是 24×1。要用它组合出正方形可以分出 6 份，其中长方形的个数是 3 个。假如 n 的值为 1，就不一定了。由于结果是纯粹的几何问题，所以边长可能是无理数了。

174. 被单的拼凑

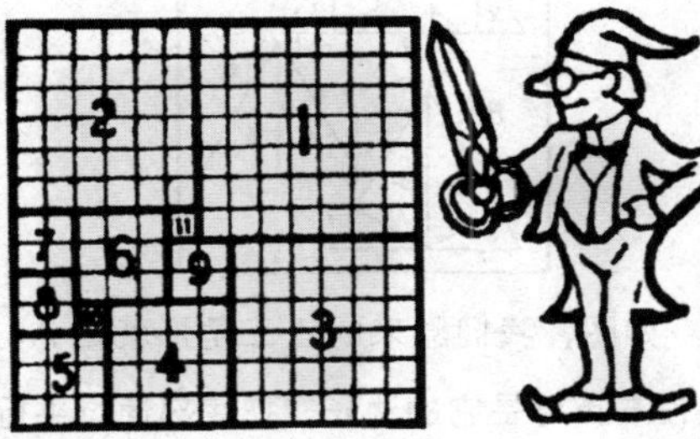

在保证方格子图案的情况下，13×13 的棉被被分成 11 份的方法如图。看起来十分困难，其实有规律暗藏在其中，开平方的原理就蕴含在里面。

175. 残缺的地毯

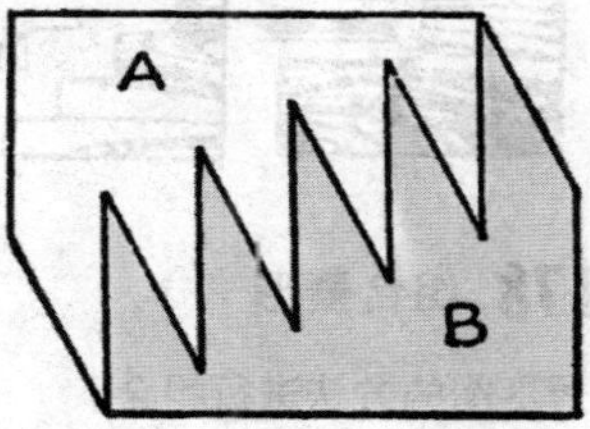

根据题目的意思，我们可以知道，正方形的面积也就是地毯的面积 36×27 减去两个小三角形的面积，这相当与减去一个 12×6 的长方形的面积，于是得出面积是 972−72=900，把 900 开方得出正方形的边长是 30，这就和答案接近了很多。我们由此得出必须保留图中的两个长度为 30 的边。要拼凑出正方形如分割 4 块，并不是很难，可是进一步说 3 块也可以，最少的却是两块。分割方法如图，在重新组合时只需把 B 部分向下挪一个格子就可以了。

176. 拼凑正方形（一）

解答过程如下图所示。

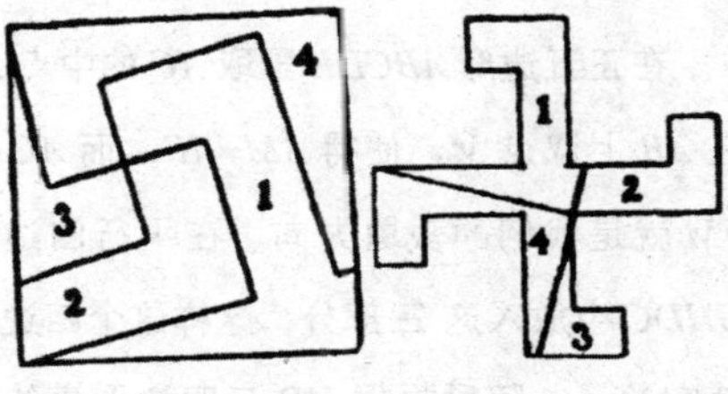

177. 拼凑正方形（二）

分解组合的过程如下图。

178. 组合菱形

依照下图的方法进行组合。

平行四边形的重新组合需要错位移动，可是对于下面的图形，在拼凑成菱形时要两边对调。

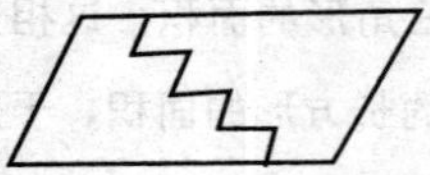

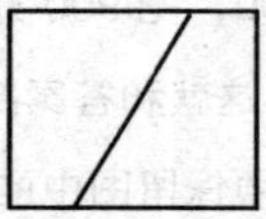

179. 正五边形与正方形

在不翻转任何部分的情况下，要组成正方形最少要分割出 6 部分。方法如下：在许多年前，有个国外的学者提出来，把其分割为 7 部分是最好的答案。第一步就是把其组合成平行四边形，之后再组合出正方形。过程如下。

在正五边形 *ABCDE* 里取 *AC* 的中点 *F*，在 *AB* 上取点 *M*，使得 *AM=AF*，而 *AC* 和 *FM* 就是我们的裁剪方向。在平行四边形 *GHDC* 中放入这 三部分，这样这个四边形就完整了。随后根据 *HD* 与四边形高的比例中项找出点 K，并且把 *CK* 连接在一起，通过 *G* 点做一条 *KC* 的垂线，此后的步骤就不难了，因为组成正方形的 6 部分已经出来了。

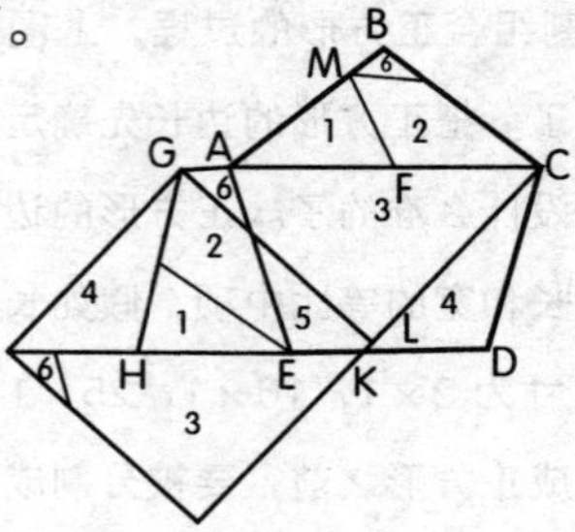

180. 羊圈问题

8 只羊，因为在柱子间距离相等的情况下，由 8 根柱子围出的正方形和由 10 根柱子围出长方形两者面积相等。假如 1 英尺是两根柱子间的距离，一个长方形的两边分别用了 5 根柱子和 2 根柱子，其面积是 4 平方英尺，最后使用的柱子的数量是 10 根。可是要围出一个同样面积的正方形需要的柱子只要 8 根就可以了。

181. 正三角形的分割组合

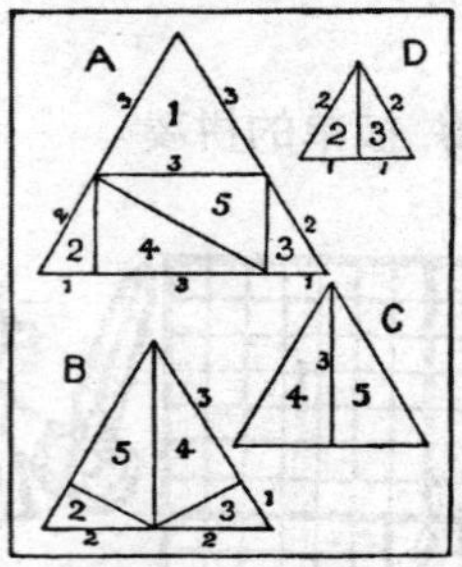

如图，我们原来的正三角形就是 A，假设 5 英寸是它的边长，把底部通过平行于底边的直线切割下来，这样上面的始终是个正三角形，其边长为 3 英寸。别的分割方法就十分清晰了。

像 *B* 一样的组合方法得出的就是两个正三角形，像 *C*、*D* 那样组合得出的就是三个正三角形。

182. 凳子与桌面

我在说明这个谜题前对很多资料进行了查阅，卵形的含义不太确定，开始由拉丁文语卵子而来，也就是鸡蛋的派生词，可是鸡蛋除了具有两端大小不同的椭圆形之外，还有球形的，这和椭圆是有着本质区别的。我们在这里应当提高警惕，避免出错。有个对家禽不太了解的利物浦市议员的讲话我至今记忆犹新。他的话是这样的，“我们一定不可以忘记，先生们，公鸡同样是母鸡，可是母鸡并不是公鸡。”“鸡”在这里被他当成了“母鸡”。我们再此处要提高警惕的是，卵形包括椭圆，可是卵形并不是椭圆。由两个有区别的直径，一条封闭的曲线构成的椭圆形曲线就是卵形。所以，我们的解答是关于椭圆的，建筑行业用“椭圆形光轮”来称呼。

为了能够清晰地分割，我们在图中画上了虚线，两个一致的椭圆形凳子面刚好可以被分割的8部分组合出来。和校长的相比，中间孔的确小了很多，整体面积也小了很多。其实5和6可以看成一部分，7和8同样可以看成一部分，之所以说分成8部分是为了和原来题目保持一致。

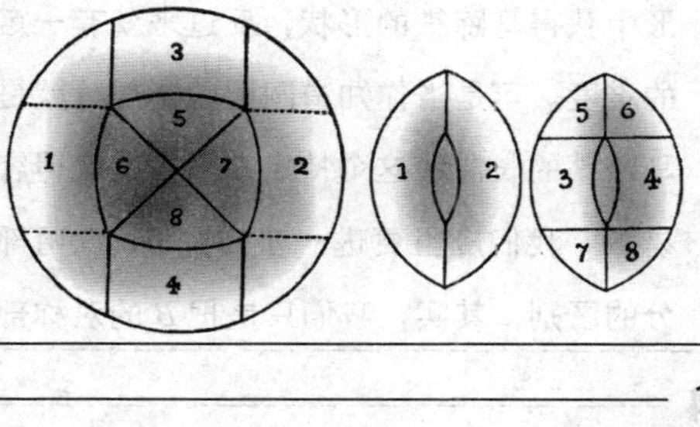

谜题在我首次刊登在伦敦报纸上时，人们寄来的解答都是错误的。第一个给出尝试的是一个在伦敦疗养院躺着的。他在信中说：“我没有圆规，也没有时间临时做一把，小刀、玩具、发动机的一个铁块，几根火柴，一个大头针，还有一个发夹就解决了这一切，作为对你这个谜题的纪念，我一定把这个牢固的圆规保存起来。

183. 奇怪的符号

圆直径的平方比就是圆的面积比，假如两个圆直径分别是4英寸和2英寸，那么两个圆的面积比就是4的平方比上2的平方，结果就是4比1。接下来，我们以图1中两个小正方形怎样被分割成4部分组合更大的正方形为例。很明显，两个正方形的面积和就是对角线的平方。图2就是原始单细胞生物图。基于里面圆的面积和外面环的面积相等这个事实，我想这个奇怪的符号一定有它特殊的数学意义。对图1和图2进行比对，里面圆直径平方的2倍就是外侧圆直径的平方，所以大圆面积是小圆面积的两倍，所以环面积和小圆面积相等。这就是第一问的解答。

第二个问题的解答如图3，这个解答很明显没有错误。我们可以把这些部分都剪下来做一番比较。虚线便于观察。解答第三个问题就要用到图2中的CD，证明F部分是圆的$\frac{1}{4}$就要通过CD的帮助。如图4圆的$\frac{1}{4}$就是小小圆K，这是由于K的直径是小圆的$\frac{1}{2}$。同时图 3 中的 L 也是小圆的$\frac{1}{4}$，所以 G 和 H 的面积一样。所以两者的$\frac{1}{2}$同样相等，所以 F 必然是小圆的$\frac{1}{4}$，也就是小圆里面两部分之一的$\frac{1}{2}$。

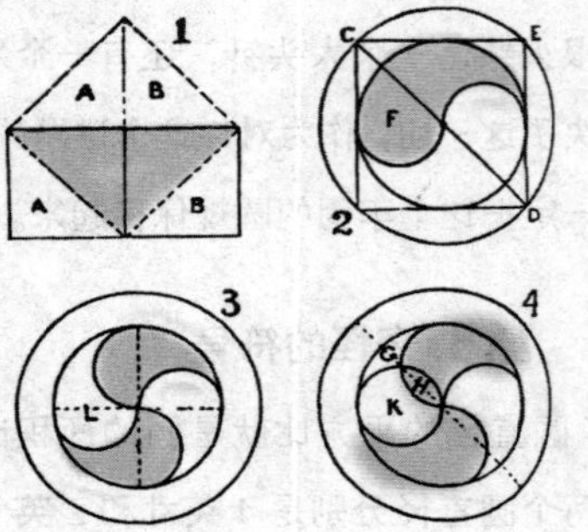

184. 正方形木板

把一个平方数分解成两个平方数的方法有很多。这其实就是对这个规律的简要说明，对于正方形实际的大小，我们一定要弄清楚。

让我们先把正方形的大小放到一边，改用 $13n\times13n$ 来表示。之后把 n 的值求出来。正方形被我们分成了 169 块。144 和 25 两个平方数的和就是 169。所以分出的两块木板大小分别是 5×5 和 12×12。我们还清楚这样的小正方形可以通过把大正方形分成 4 部分重组出来。

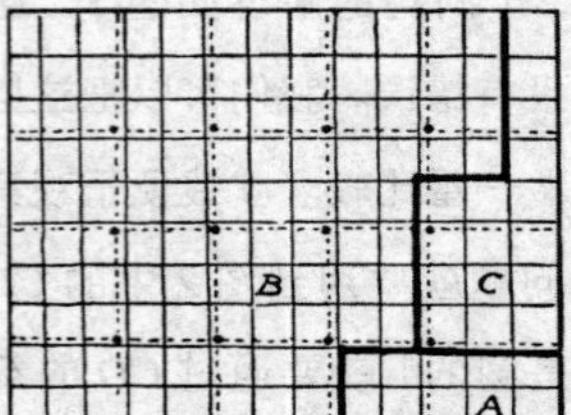

很明显，$\frac{5}{13}$英寸就是 n 的值。所以两个正方形的大小分别是$\frac{25}{13}\times\frac{25}{13}$和$\frac{60}{13}\times\frac{60}{13}$。

对于一个给定的平方数——a^2，我们怎样找出另外的两个平方数，使其和为 a^2，下面就是这个通用的公式，

$$x=\frac{2pqa}{p^2+q}$$

$$y=\frac{\sqrt{a^2(p^2+q^2)^2-(2pqa)^2}}{p^2+q^2}$$

这里 $p=2$，$q=3$，在此题中 $a=5$ 解：

$x=\frac{60}{13}$，$y=\frac{25}{13}$，$x^2+y^2=25=a^2$。

185. 两个马蹄铁

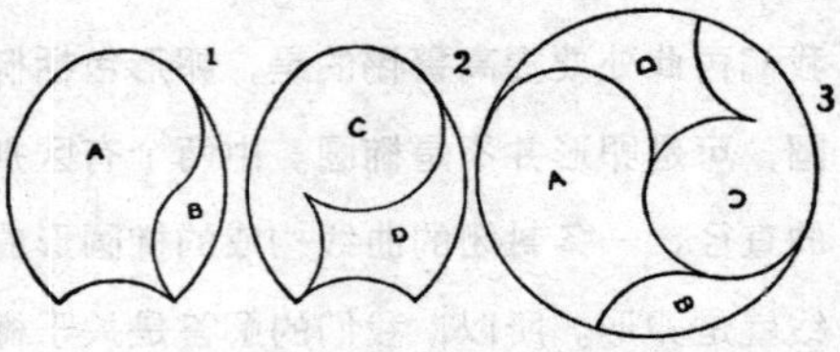

把两个马蹄铁分割组合成一个圆形是题目要求。要注意分出的四部分形状要有区别。

解答方法如图。分割的 4 部分如图 1 和图 2 所示。组合的结果如图 3。仔细观察我们可以发现，两个马蹄铁被分出的两个部分组合的两个图形完全一样，都是$\frac{1}{2}$圆，这正是阴阳图。我们可以很容易从圆形中获得马蹄铁的形状，反过来就有一定的难度。可是当你知道圆周的一部分就是马蹄铁的长曲线这个特点，一切就变得容易了。我们应当更进一步知道 B、D 两部分的区别，其实，我们只是把 B 的对称部

分添加到了 D 里面，所以同样的结果在把 B 或者 D 转动 90 度后同样可以得出这一结果来。

186. 一剪得出的五角星

先以虚线为基准折叠成半圆，将半圆分成五个相等的部分，如图所示。还要沿着这些直线折叠，最后得到图 2。顺着 AB 剪一刀就可以得出图三，顺着 AC 剪上一刀就会得出图 4。所以，要想使得五角星的边长变长，切口就靠近顶点，否则远离顶点。

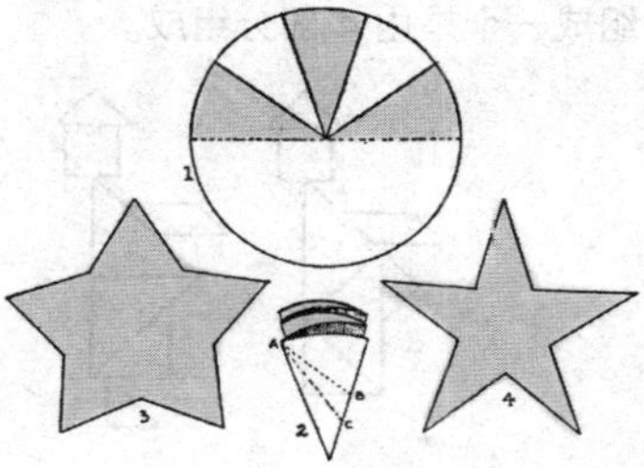

187. 剪链子

读者一定要有十足的耐心才能完成这个剪切任务。我们不必太在意纸板的长度，我们使用的硬纸板可以 8 英寸 ×2.5 英寸大小。可是在链子较长时，我们选择的硬纸板同样要长一些。先是在距离边缘 0.5 英寸的地方用铅笔画出直线 BB 和直线 CC。每个相邻 0.5 英寸的地方都画出一个和 BB、CC 垂直的线段。同样的图形还要画在硬纸板的另一侧。我们可以把一根针插在线段的末端，这是为了使两面的图形重合。用小刀进行分割时一定要顺着 BB 和 CC 的实线。像图 2 那样把纸板翻转过来。把阴影部分剪切掉，交错的图案就是我们要的结果。

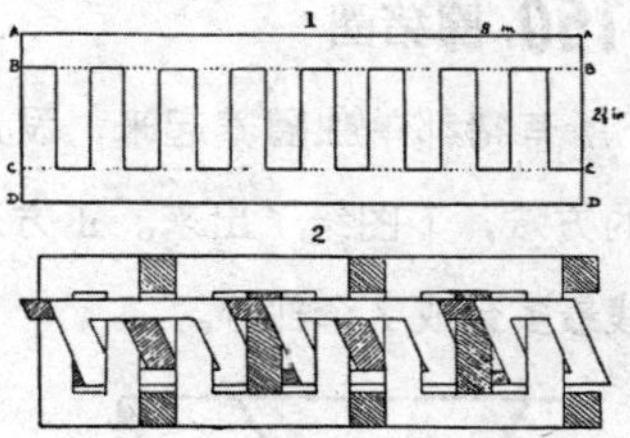

188. 拼凑正方形（三）

我总结了读者朋友们的来信，发现 5 部分是多数人的解答方法。也有一些人分成了四块，可是得出正确解答——3 块的只有极少数人。下图就是分割方法。

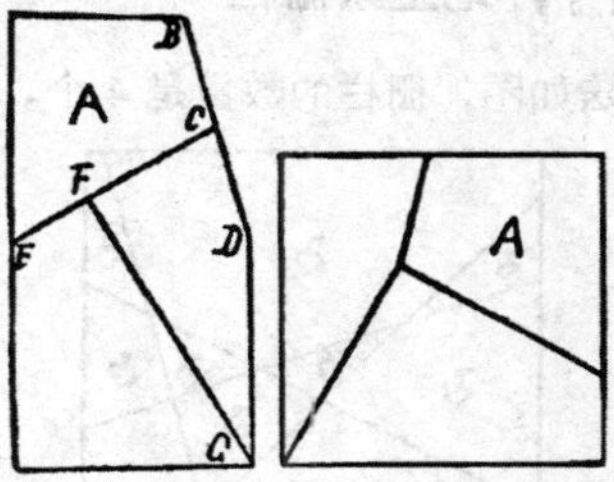

189. 切马铃薯的问题

上图给出的方法更绝妙，6 刀可以切出 22 块。所有刀口都两两相交，并且交点没有重合的。当然其他分割方式还有很多，可是只有这个条件分割出的块数最多。

假如切 n 刀得出的块数就是 $\frac{n(n+1)}{2}+1$，这是个通用公式。

190. 圈猪圈

把所有猪都单独圈养起来，设置三个栅栏的方法，下图给了出来。正方形被三条直线最多分成 7 个部分。

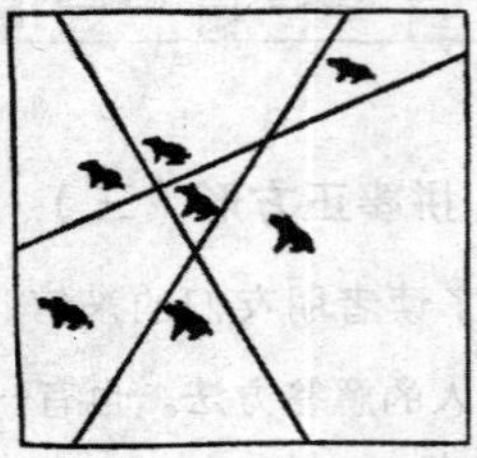

191. 地主家栅栏

方法如图，栅栏的数量是 4 个。

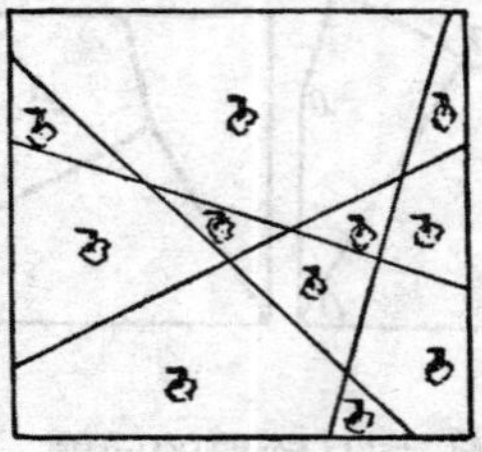

192. 猫的划分

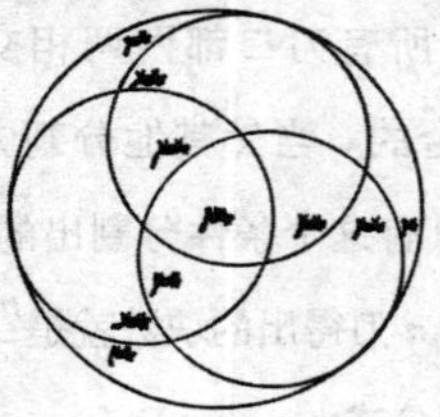

对于上图我们无需过多解释，要想让所有猫都单独圈养，只要这样画三个圆圈就可以了。

193. 分割甜点

使用下面的方法就可以把甜点分成大小形状都相等的两部分。

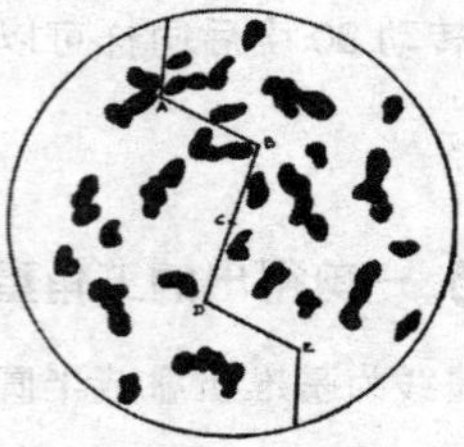

194. 七巧板悖论

用七巧板拼凑两个图形的方法如下。相同的部分是头、帽子以及手臂，另外还有身体的宽度。可他们的身体一个是由 3 部分组成一个是由 4 部分组成。

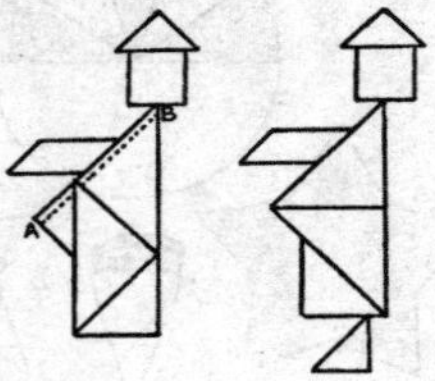

195. 椅子垫

分割方法如下图，两个正方形分别被两个 *A* 或者两个 *B* 组合而成。

196. 旗子的组合

下图就是切割方法。因为 16 和 9 两个平方数的和是 25，所以我们可以把旗子分成 25 个小正方形，随后把正方形顺着实线分隔开。新的正方形可以通过标有两个 *A* 的部分或者是标有两个 *B* 的部分组成。

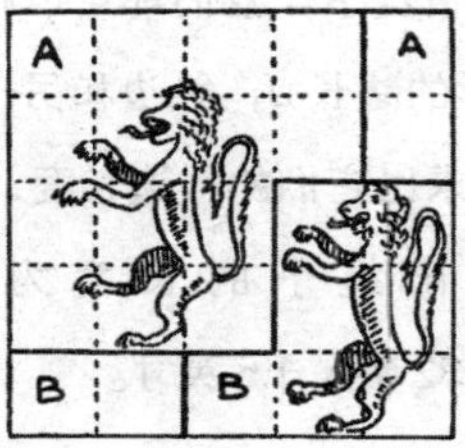

197. 斯麦莉夫人的圣诞礼物

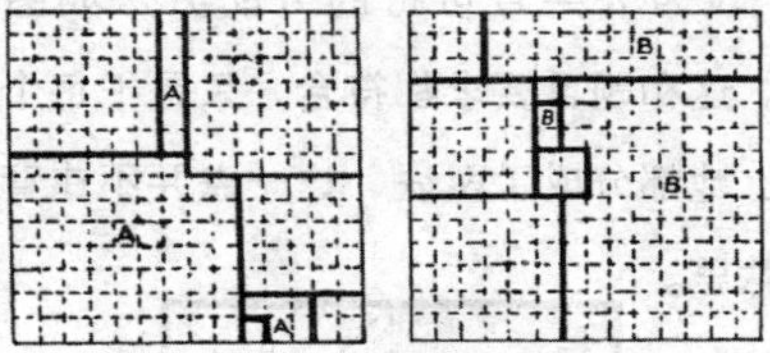

首先确定，196 是可以分解成 6 个什么样的平方数。结果有三组，它们分别是 1、4、25、36、49、81；1、9、16、25、64、81； 和 1、4、9、25、36、121. 对这些进行判断和推理是下面要做的，具体的操作自己灵活掌握。对于第一和第三种情况我给出了解答，如上图。其中分割的正方形就是标有3个 *A* 或者三个 *B* 的部分，我没有给出中间一种的解答方法，不知道读者朋友们是否有兴趣试一试。

198. 被子的分割

大被子的形成过程如图。这应当是唯一的解答方法，分出来的正方形最少是 11 个。图中给出的三个最大的三个正方形是不能变动的，其余 8 个似乎可以调整一下，可我感觉这是唯一的了。

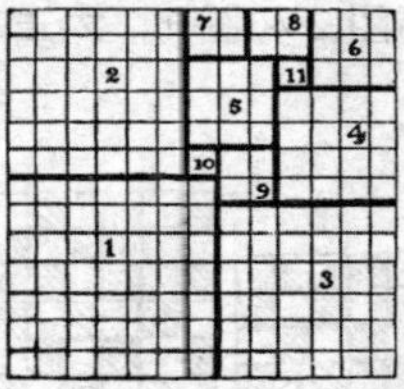

199. 正方形的绸缎

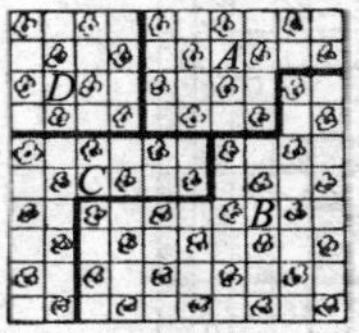

图 1

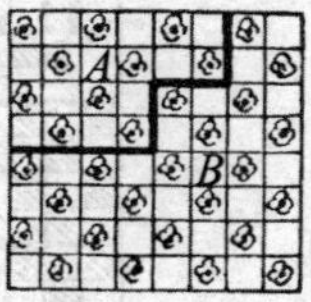

图 2

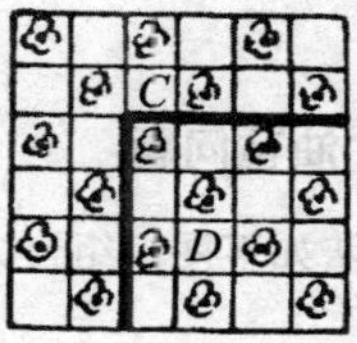

图 3

为了满足这些条件，解答方法只有一种。分割方法如图 2 和图 3，组合方法如图 1。其中 *A* 和 *C* 里包含的小方格数量相等，面积大小相同。

200. 又一个被子问题

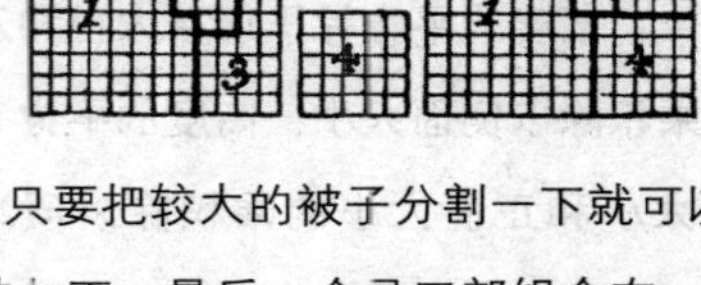

只要把较大的被子分割一下就可以了，方法如下，最后一个是四部组合在一起的情况。

201. 分割油毡

正确结果只有一个。大小两块油毡的

分割方法如图 2 和图 1，大正方形的组合方法如图 3。

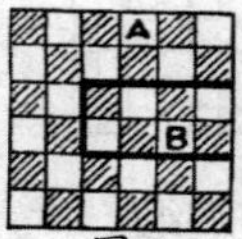

图 1

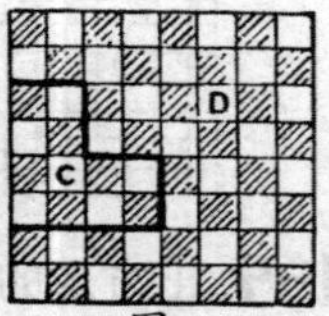

图 2

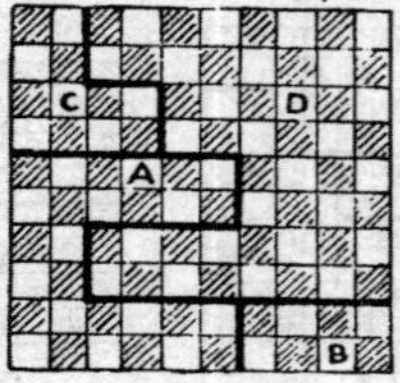

图 3

202. 油毡问题

分割方法如下图，组合方法就是小图所示的那样。

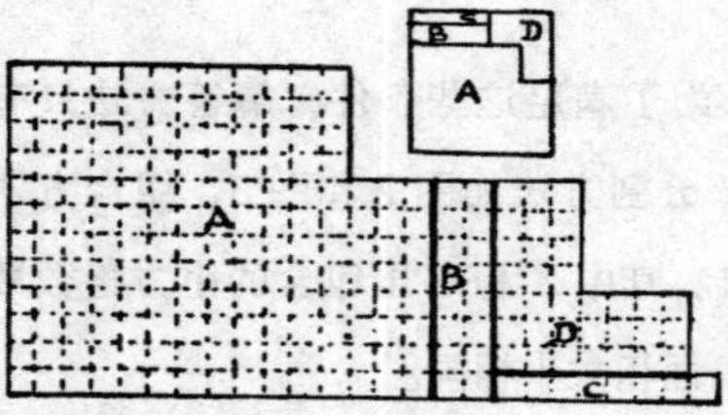

203. 纸箱的大小

长方体长度的平方等于顶端大小和侧面大小的乘积之后除以正面大小。根据这个规律，宽度的平方等于顶端大小和正面大小乘积除以侧面大小；高度的平方等于侧面大小和正面大小的乘积除以顶端大小。只需其中一种运算就可以得出我们要的结果。就拿第一种来说，（120×96）÷80=144，所以长方体的长为 12 英寸，由此得出高和宽分别为 8 英寸和 10 英寸。

204. 偷盗绳子

任何情况下，我们都可以根据一个直角三角形的边长 a，斜边和另一条直角边的差 b，求出它们的斜边长度，也就是，由此得出绳子的长度为（48×48）÷6+1.5=32 英尺 1.5 英寸。

205. 平均分地

较为公平且可行的分配方法如图所示。这和题目要求都符合，只是把每个人的土地都分成了两块，这一点并不违背题目意思。

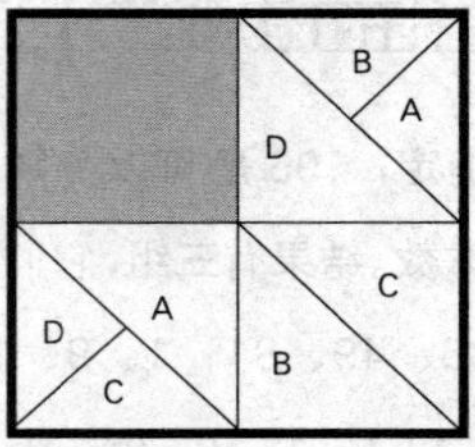

206. 火车站的距离

三个车站间的距离分别是 13、14、15 英里，这正好是个三角形。而 14 英里长的边上高为 12，84 是三角形的面积。因此（13×14×15）÷（84×4）=8.125 英里就是我们要的答案。

207. 花园的大小

根据四个角落和这棵树的距离相等，这是个四边形。而（45+100+63+80）÷2=144，所以面积是

$\sqrt{(144-45)\times(144-100)\times(144-63)\times(144-80)}$

=4752。

208. 螺旋的画法

把这张纸沿虚线折叠一下，任意选择两个点分别画半圆，随后小心挪动使之相互连接。真正的螺旋其实不是这样的，简单螺旋还是可以通过这方法画出来的。

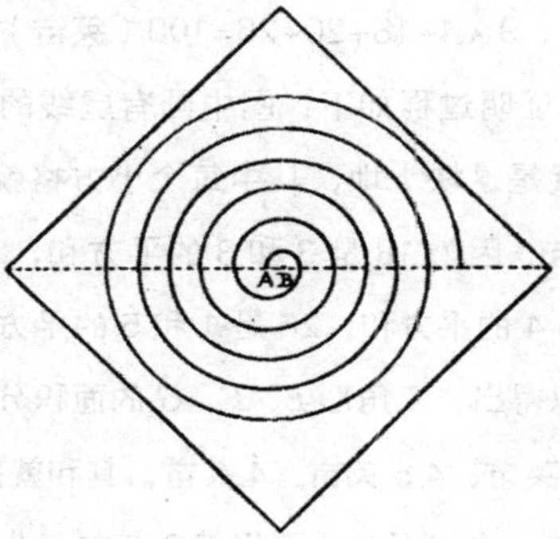

209. 画椭圆的方法

在一个圆柱瓶子或者罐子表面把这张纸铺好，用圆规在上面画圆，完美的椭圆就出现了。

210. 圣·乔治的旗子

根据旗子的大小，我们得出5英尺是其对角线的长度。在其白色和红色面积相等时，红十字架的宽度=(旗子的周长×$\frac{1}{4}$)-(5×$\frac{1}{2}$)。

211. 晾衣绳的高度

结果应该是2英尺11英寸，这里存在着一个通用公式，在两个柱子的高度分别为a和b时，交点的高度为$\frac{ab}{a+b}$。这个结果不会受到两根柱子距离的影响。也许有人会问这是为什么呢?

212. 挤奶工的问题

按照图中标注的，在挤奶处作一条垂线到河边，随后延长相等的距离到点A，把奶制品店和点A用直线连接起来，点B就是该直线和小河边的交点，B点就是要求的。两点间直线距离最短，这是我们每个人都很清楚的。而AB的距离刚好和从挤奶凳子到河边的距离相等。所有读者哪怕是不懂几何的都会被这样的问题吸引。

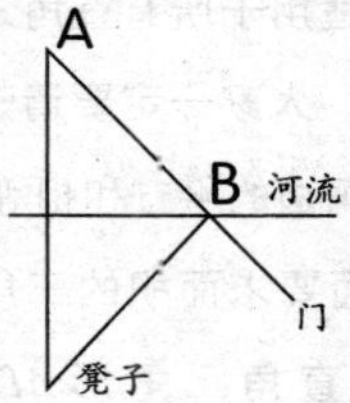

213. 球的大小

在同一个水平面上，同样大小的球可以有6个放在它的周围，并且都和它发生接触。

对于第二个谜题，我们都清楚，π就是圆的周长和圆的直径的比。我们使用的π都是近似数，无法取到精确的数值。可是在这里我们根本不需要知道它的值是多少。由于在表面积的计算过程里，我们是用π和直径的平方相乘，在体积计算里，是用$\frac{1}{6}$直径的立方和π相乘。所以，我们只需找到某个数字的平方和它的立方的$\frac{1}{6}$相等，我们完全可以忽略π的值。6就是正确的结果，所以球的直径是6英尺。表面积和体积的大小都是36π。

214. 出售土地的面积

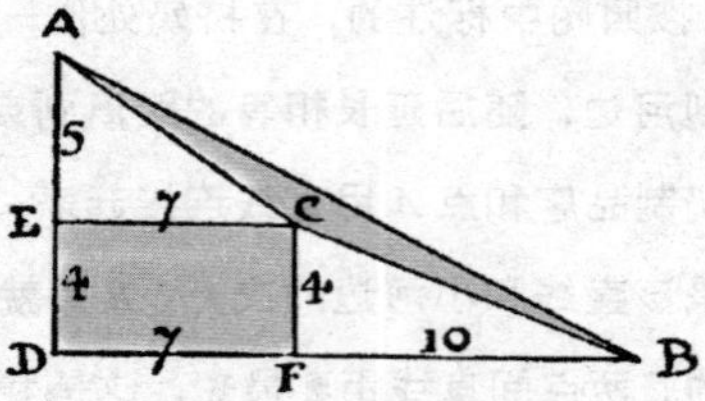

11 亩是其正确的结果。结果其实很容易得出来，我们要用到一些解题技巧。当然降低谜题的难度我们还可以通过公式的帮助。对于适用于所有直角三角形的毕达哥拉斯定理，大家一定要清楚。斜边的平方和两条直角边的平方和相等。

我们上面要求面积的三角形如图就是△*ABC*。在直角三角形*ADB*中，*BD*和*AD*的平方和，也就是17和9的平方和就是*AB*的平方，也就是370。在直角三角形*AEC*中，*AE*和*EC*的平方和也就是5和7的平方和，得出*AC*的平方74。同理在直角三角形*CFB*中，*BC*的平方就是4和10的平方和116。我们可以利用这些不是十分精确的数字得出精确的面积。

$S_{\triangle ACB}=S_{\triangle ADB}-(S_{\triangle AEC}+S_{\triangle CFB}+S_{\square EDFC})$
$=\frac{1}{2}\times 9\times 17-(\frac{1}{2}\times 5\times 7+\frac{1}{2}\times 4\times 10+4\times 7)=11$ 平方米。

215. 武泽土地的大小

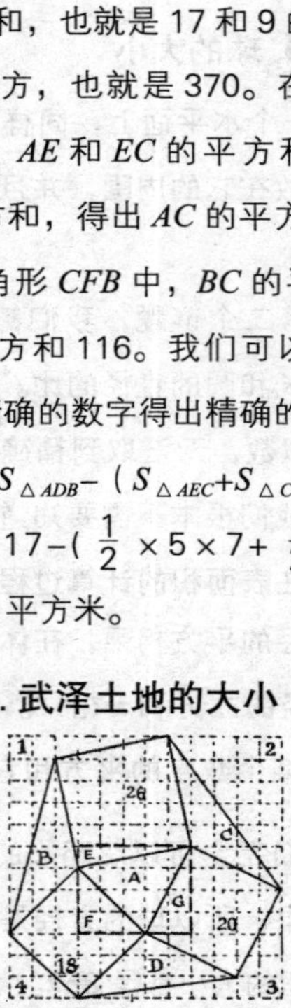

100 英亩是正确结果。计算使用的是下面的通用公式

三个正方形的面就是上面的*a*、*b*、*c*，顺序不分先后。我们不难求出三角形*A*的面积为9英亩。而三角形*A*、*B*、*C*、*D*的面积都一样，因此总得面积是

9×4+18+20+26=100（英亩）。

证明过程如下：图中画有虚线的平面图就是这块土地，其中每个小方格就是1英亩。因为18是3和3的平方和，20是2和4的平方和，26是1和5的平方和。所以得出、三角形*E*、*F*、*G*的面积分别是2.5英亩、4.5英亩、4英亩，其和就是11英亩，这和矩形的面积差9英亩，也就是三角形A的面积。另外，沿着*B*、*C*、*D*的最长一条边的中点向其对角分割，最后重新组合一定可以得出一个A来，所以*A*、*B*、*C*、*D*的面积是相等的。

还有一种方法更简单。大正方形的面积是12的平方144英亩，把不属于农民土地的1、2、3、4在大正方形中减出去，剩下就是我们要的结果，也就是

144−(12.5+17.5+9.5+4.5)=100(英亩)。

216. 一轮新月

由题意，我们设*x*为*AC*的长度，那么*x*−9即为*CD*的长度，*x*−5也就是*EC*的长度，同时，*x*和*x*−9的比例中项就是*x*−5，由此推出*x*为25。因此，50和41就是两个圆的直径。

217. 建造围墙的方法

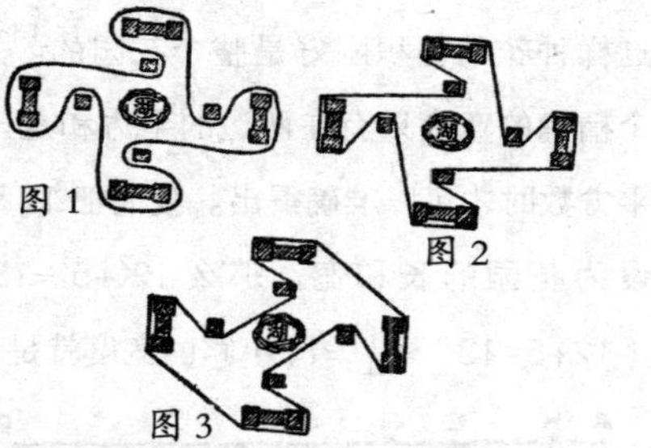

图 1 是多数人的解答方法，四个穷人的小屋被弧形的围墙圈在了外面，可是两点之间的最短距离应当是直线才对，因此要做到竟可能短应当是图 2 的方法比较好。最后测量证实图 3 才是最短的。

218. 羊圈

增加的根数是 2 个，这是多数人都接受的解答。原因是在图 1 中 24×1 的两边分别加上一根围栏，就变成了图 2 中 24×2，这样面积就增大至 2 倍。可是，题目并没有强调羊圈是特殊的结构形式。即便形式特殊同样不正确，根本没必要增加这 2 根栏杆。比如把 50 根栏杆排列的如同图 3，羊圈的面积就是 156，这样就可以容纳 650 只羊了。我们只需 28 根栏杆就可以使得围出来的羊圈面积是原来的 2 倍，如图 4。这样不仅不增加，还可以节省出 22 根栏杆。即便是要求把栏杆都用上，修建时我们可以参照图 5。对于所有的要求面积，我们都可以满足。所以说，过去的解答从很多方面都可以被解读为不正确。可是这些不正确的地方，从来没有人发现过。

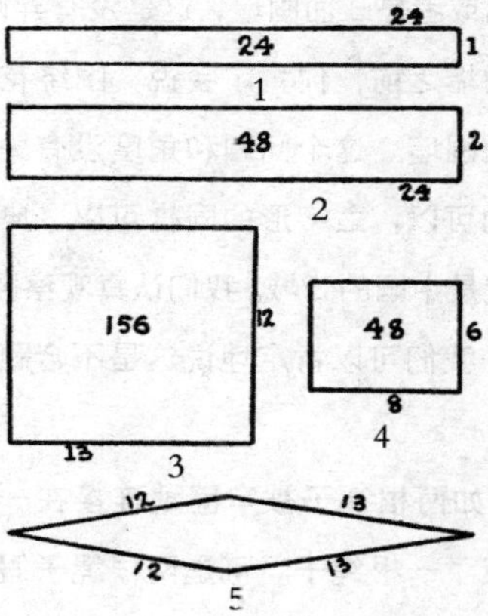

219. 围墙的修建

根据题目要求，我们先要认识到两个难点。墙的厚度就是一个方面，另一方面就是要建设的是三面墙。说到第一点，砖墙必然是有一定厚度的，所以我们必须找到一个解决方案来应对这一块砖、两块砖，或者是三块砖的墙。

深入思考第二点要求。对于一面墙和多面墙，我们应当如何区分，不论这个墙有多长，只要它没有被毁坏，没有和别的墙相交，我们都认为这是一面墙。很清楚包围圆形土地的肯定是一面墙。可是假如围出来的是个正方形或者三角形，那么这算是几面墙呢？我们大都习惯的称之为四面围墙或者是三面围墙，这是没有异议的。建设围墙之前，你肯定会说，围绕花园建设一面围墙。这个问题和角度没有关系，直线的可以，之字形的同样可以，典型的例子就是中国的长城。我们认真观察图 1、2、3，我们可以肯定地说这是不合题目要求的。

假如两根绳子被牢固地连接在一起，就变成了一根绳子。可是两根绳子假如只是相互穿过，或者是重叠在一起，那么这依然是两根绳子，这就是焊接和连接的问题。假如墙体的末端在图 1、2、3 中没有和外面的圆相接，依旧可以说是一面或者两面墙。

图 4 也并非绝对正确无误，它只是接近正确答案，毕竟砖是有一定厚度的，而在这里它把砖的厚度忽略了。

唯一正确且让人高兴的就是图 5 的解答方式。开始圆形的墙不算在内，另外还有三面新建设的墙，它们并没有相互渗入，而是相互接触。所有情形的墙都可以应用这种解答方法，我们都没有必要怀疑其面积和长度。其实解答这个谜题的方法有很多。

220. 贝琳达夫人的花园

其实方法很简单，贝琳达夫人用一把尺子即可完成。先是用卷尺把 AB 的长度测量出来，然后把 AB 边的$\frac{1}{4}$标记为点 E。之后用同样的步骤把 AD 的$\frac{1}{4}$标记为点 F。接下来使 EG 的距离和 AF 相等，并且 EF 和 GH 相等，那么小路的宽度就是 AH。这样种花的面积刚好是整个花园的$\frac{1}{2}$。这个精确的宽度只有在两边的平方和是一个平方数时才可以准确得出。我们把 12 和 5 设为花园的长和宽，那么 $12^2+5^2=13^2$，$(12+5-13)\times\frac{1}{4}=1$，小路的宽度就是 1。

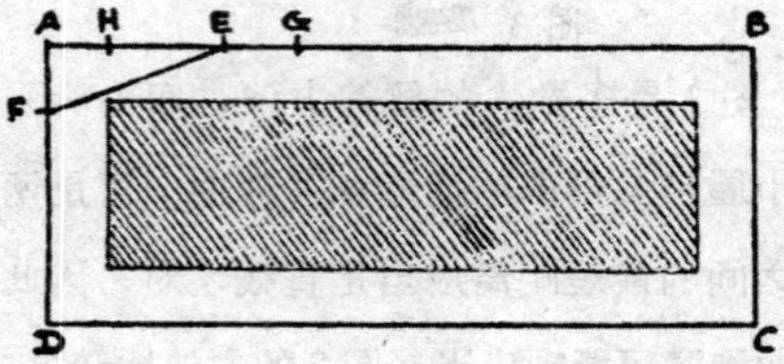

221. 被拴住的山羊

解题的关键在于思路清晰明了。如图，设△ABC 的大小为$\frac{1}{2}$英亩，山羊被拴在角落时可以吃到$\frac{1}{4}$英亩的草，我们用阴影表示，然后我们将六个正三角形组合在成一个正六边形。很明显，圆的$\frac{1}{6}$就等于阴影的大小，所以整个圆的面积是 1.5 英亩，相当于 9 408 960 平方英尺。我们把 3.1416 用 π 来表示，这样圆的周长等于圆的直径的 π 倍，因此结果正确。所以用 3.1416 去除 9 408 960 之后取其结果的平方根，得出 1 731 英尺，1 731 英尺就是我们要的正确答案。

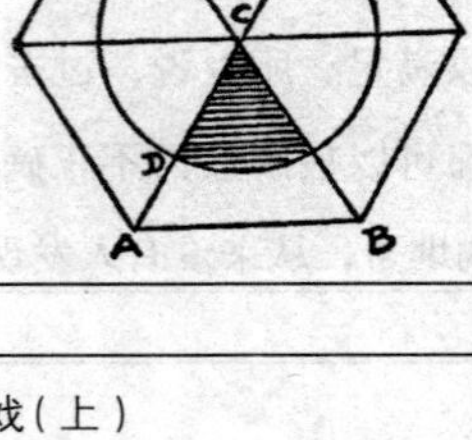

222. 棍子的摆放

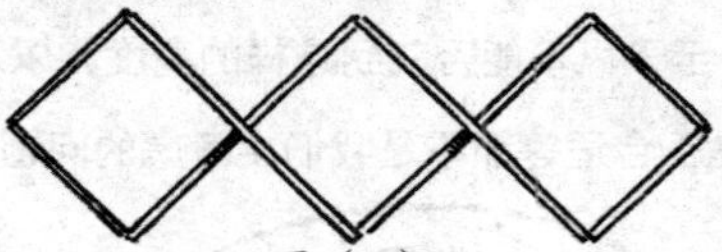

图（1）

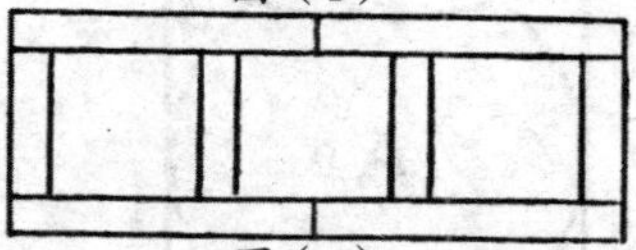

图（2）

图（1）是所有人看到题目后首先给出的解答方法。看起来十分完美。可这和题目要求的摆放到桌面上不符。它像一架靠墙的梯子，一端在墙上，另一端在地上，我们一定不会说这个梯子在地面上。因此，按照图 1 的方法没有把棍子完全放到桌面上。但只要棍子的长度和宽度都适合，我们就可以得出正确的解答方法。如果棍子的长度分别为 2 英尺和 1 英尺，并且棍子的宽度为 3 英寸，摆放的方法应如图（2）所示。可如果要用火柴摆放，就没有解答方法了，因为它的长是宽的 21 倍。

223. 爸爸的困惑

下面的解答方法被很多人视为正确的结果。结合图中的字母，看下面他们的证明过程。$BC\times\frac{1}{3}=BA$，推出三角形 AID 和矩形 $ABEI$ 的面积相等，要保持纸板的水平，就一定要悬挂其长边的一侧。查尔斯二世的笑话，相信大家不会忘记吧？皇家学会的人曾被召集到皇宫，然后分别被问为什么把一条活鱼放入水中容器里的水却没有增加；有个不太起眼的人，在讨论的时候悄悄走出来，经过试验他发现水明明上涨了，上面的结果根本经不起试验的验证。重力和面积根本就是两码事。其实，我们要用矩形的部分来弥补将角伸向点 D 的三角形。$\frac{1}{\sqrt{3}}$才是 BA 和 AC 的比率，准确的数字我们无法给出来，大概是 0.577。接下来让我们看一看正确的解答方法。有很多方法可以得出正确结果，但对于刚入门的人来说，这是最简单的方法。

找一张纸铺好这个纸板，把一个等边三角形 BCF 画在纸上。同时根据 $DG=DC$ 标出 G 点。连接 CG 并延长交 BF 于 H 点。作 BE 的平行线 HA，那么我们向 D 点剪切时的开始点就是点 A。很明显 $AH=AC$，$BA:AH=BA:AC=1:\sqrt{3}$，即 $BA:BC=1:(1+\sqrt{3})\approx0.366$。

其中的巧妙之处在于：A 点和 CD 边的大小没有任何关联。我对这个问题有更加清晰的认识。我之所以如此推崇这个方法，原因也在于此。随后大家可以得出，正方形 $CDGJ$ 的对角线 CG 的方向始终不会发生改变，不管你怎样对 ED 进行垂直方向移动，它和 BC 的间距怎样发生变化，CG 都会和 BF 相交于 H 点。而纸板的长边和 0.366 的乘积始终等于 BA 的近似长度值。比如，纸板的边长为 7 英寸时，BA 的长度大约是 2.562，也就是 2.5 英寸多一点。

点 A 仅和纸板的长度有关而不受宽度的任何的影响，这正是这个谜题的绝妙之处。再回到谜题，我们发现，两张纸板有着相同的长度，所以小女孩要做的是把两张纸板相重叠，根据找到的点，标出另外一个纸板的点。

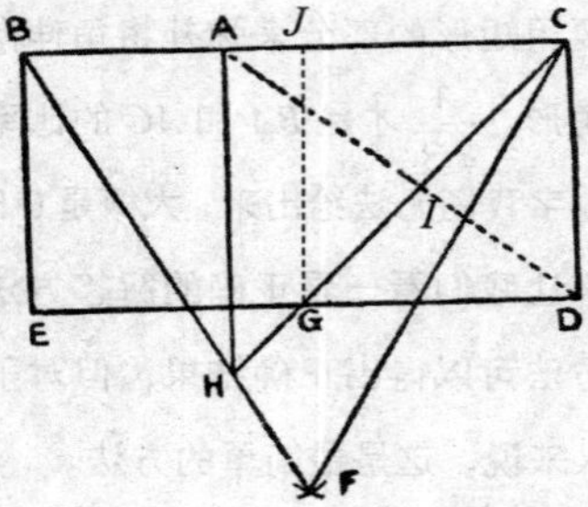

224. 风筝线的长度

一个运用到 π 进行复杂的数学运算，一个得出数千万英里的长度，这是人们解决这个问题的两大类方式。可是圆的直径和 π 在我的方法里没有用处。

假定有个圆柱形的盒子刚好能容下我们的线球，这种情况下周围和上下底部都会与盒子发生接触。有个固定的定理为：盒子的体积正好是球体的 1.5 倍。如球的直径是 24 英寸，其体积与同样周长和$\frac{2}{3}$高（高 16 英寸）的盒子的体积相等。

接下来，我们把缩减的盒子看成一个圆柱体，构成这个圆柱的是密密麻麻紧密靠在一起的细细的风筝线。一个直经为 24 英寸的大圆柱体要用多少个直经为$\frac{1}{100}$英寸的圆柱体来填满呢？$\frac{1}{100}$的平方即$\frac{1}{10\,000}$，而 24 的平方是 576，所以 5 760 000 个小圆柱体刚好构成一个大圆柱体。而 16 英寸是每条风筝线的长度，所以风筝线的长度为 5 760 000×16=92 160 000 英寸，也就是 1 454 英里 2 880 英尺。

至于风筝能否飞到这样的高度，以及重量是否合适等都不是我们要考虑的问题。

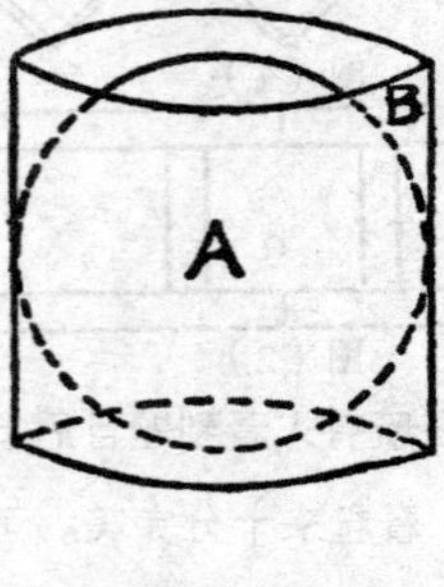

225. 蓄水池的制作

我们用 a、b 来表示矩形的两条边长，下面就是通用的公式$\frac{a+b-\sqrt{a^2+b^2-ab}}{6}$

我们要的正方形边长可以通过上面公式得出结果。我们把 8 英尺和 3 英尺代入上面的公式得出的结果为 8 英寸。当然这是个近似值，毕竟要考虑平方根的情况，但你可以选出最为接近的小数。

226. 圆锥的切割问题

切掉圆锥体高度$\frac{1}{3}$的锥顶部是确定所求圆柱体顶面的最简单的方法。

227. 轮子问题

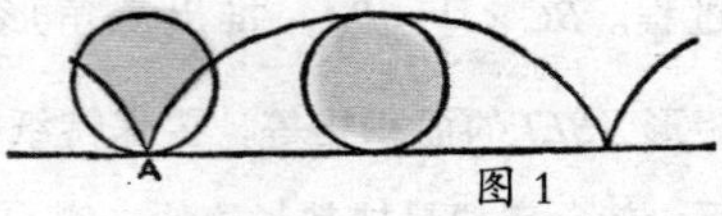

图 1

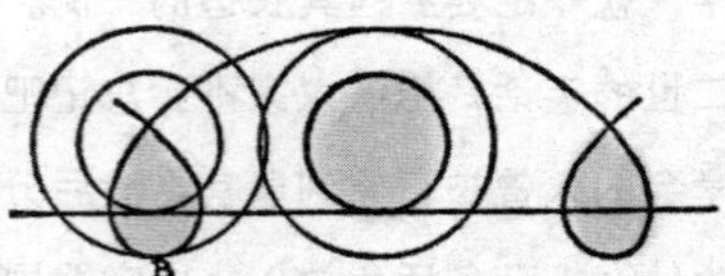

图 2

以图1为例，我们把一点A标记在一个普通的两车轮的圆周上，常见的旋轮线是A点的轨迹。但如果把一点B标记在机动车轮的边缘，那将会是一个缩短的旋轮线，结尾是结点。认真观察这些结点或者环形图，的确有些点在某些特定时刻向反方向运动。在轮子周围，这样的点一定有很多，所以这样运动的火车一定会有无数这样的点。

在上面的例子中，静止固定的那个车轮要旋转两周。不难看出来，这是大小相同的两个车轮，所以我们可以同时把两个点分别标注在上面轮子的正上方和下面轮子的正下方，我们会发现整个路程上方车轮上的那一点在车轮旋转到一半时与下方车轮标注的那个点重合，重合后上方轮子上的点再次旋转回该轮子上方时，轮子就完成了一个旋转周期。所以，上面的轮子要这样旋转两个周期，下面的轮子才能旋转一周。

228. 全新的火柴难题

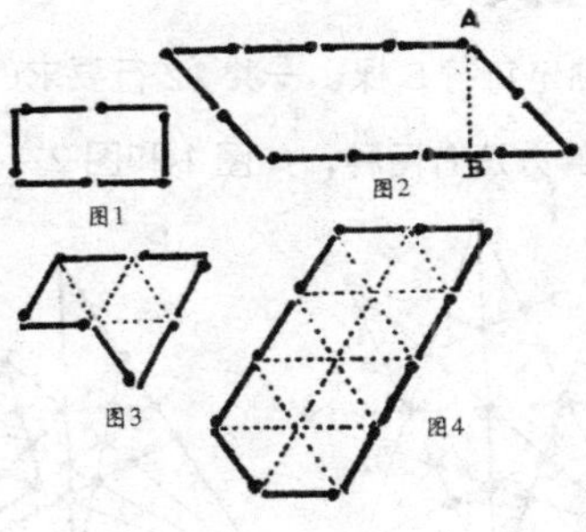

第一，图1和图2是最简单的排列方法。使AB的距离为单根火柴的1.5倍。如果1英寸为火柴的长度，那么图1的面积就是$1\times2=2$平方英尺，图2的面积为$4\times1.5=6$平方英尺。

第二，这样的情况多少有些麻烦。图3和图4这个题目正确的结果。图4由15个等边三角形组成，图3由5个同样大小的等边三角形组成，所以图3的面积是图4的$\frac{1}{3}$。

229. 6个羊圈

方法如图所示。

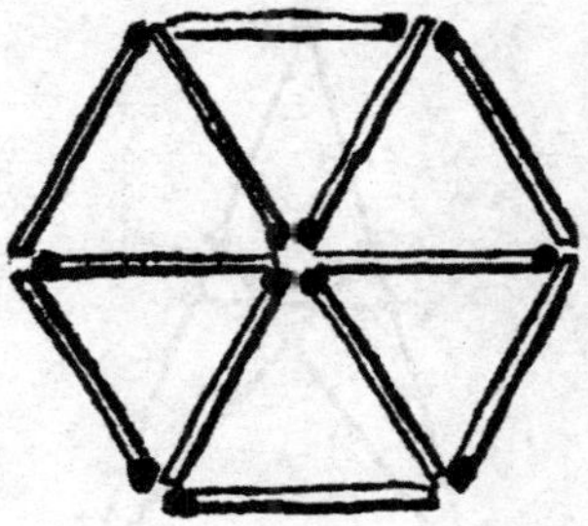

参照上图围出羊圈，所用栅栏为12根，6个羊圈首尾相连。

230. 奇怪的圆规

假设这条直线为图中的AB。分别以A和B为圆心，以AB为半径画两个圆。以AD的长度标注出DE和EF。分别以A和F为圆心，DF是半径画弧，点G为它们的交点。然后在分别以B为圆心，半径为BG画圆弧GHK，以A为圆心BG为半经，画圆与以B为圆心的圆交点为N，使HK和AB相等，HL和HB相等。之后分别以K和L为圆心，以AB为半径画弧，交点为I。得$BM=BI$。最后把圆心定位M，半

径定为 MB，做弧线，弧线和 AB 的交点 C 就是我们要找的中点。

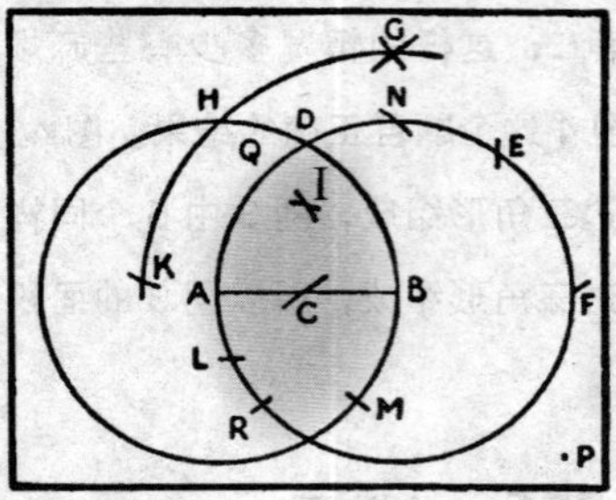

231. 国王的堡垒

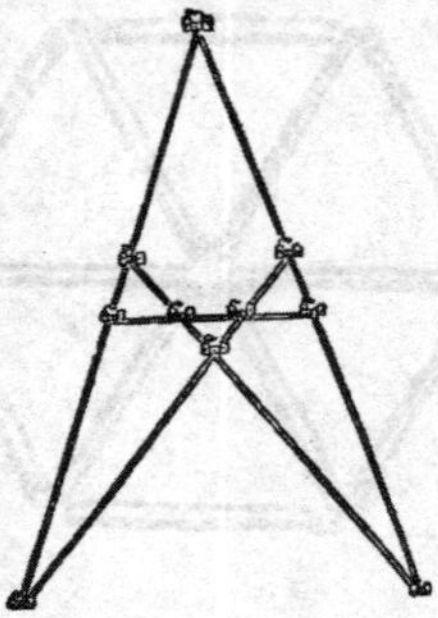

原本有很多建设方法满足 4 座城堡一排，一共 5 排的要求，可是因为还要使尽可能多的城堡围在城墙里面，所以就有上图的方法最为接近了，被围在城墙里面的城堡有 2 座，这已经是最大满足条件的数字了。

232. 果树园子

仅是一个尽可能的在东面和北面少种李子树和樱桃树这个条件就把题目难度增加了很多，并且使得解答方法减少了很多。下图是最好的排列方法。图中的 C、P、A 分别代表李子、樱桃、苹果。虚线连接的是李子树，实线连接的是樱桃树。这是唯一符合题意的排列方法。

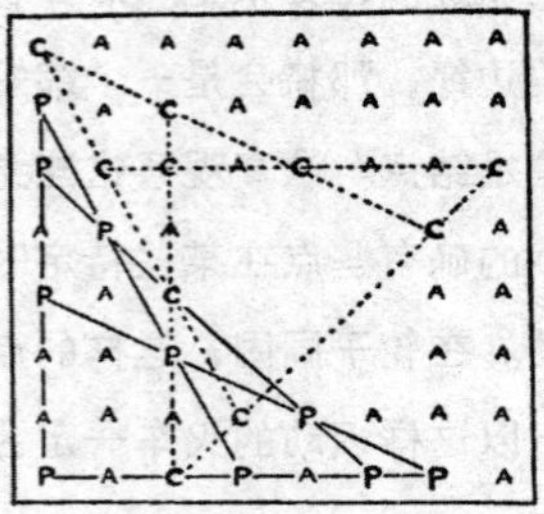

233. 种树的问题

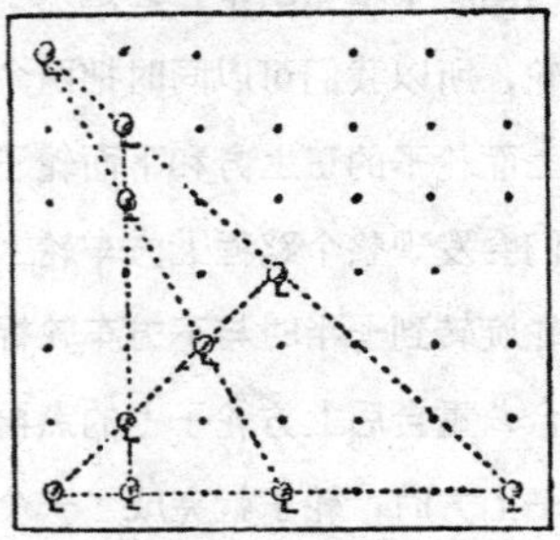

上图就表示本题结果，其中的点，代表着这里的树已经被砍掉了。

234. 21 棵树

满足每行 5 棵，一共 12 行要求的种植要求的方法有两种，如图 1 和图 2：

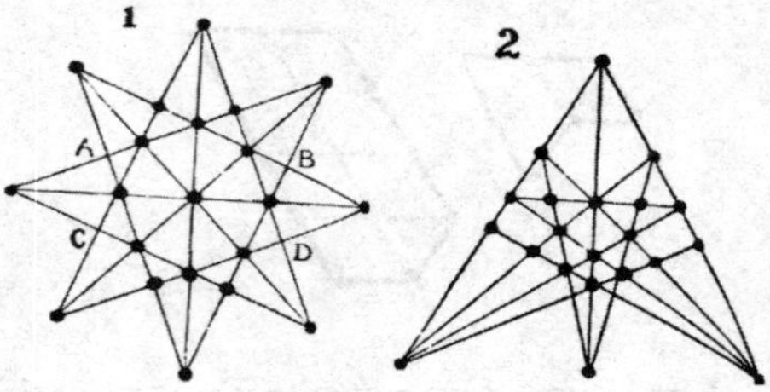

235. 十枚硬币

不同的方法有 2400 种。移动的 4 枚硬币，有其中 3 枚在一侧，另外一个在另一侧。为了方便叙述，我们把图中上面一排的硬币叫顶端硬币，下面一排叫底端硬币，于是 3 枚硬币都出自顶端的情况有 10 种，1 枚出自底端的情况有 5 种，这样 4 枚硬币的选择方法就有 50 种。可是我们选择硬币的时候同样可以底端选出 3 枚，顶端选出 1 枚，因此又增加了另外 50 种方法。所以一共有 100 种方法。而且 4 个选择出的硬币有 24 种不同的排列方法，所以最后的答案是 2400 种。

236. 肉饼的排列

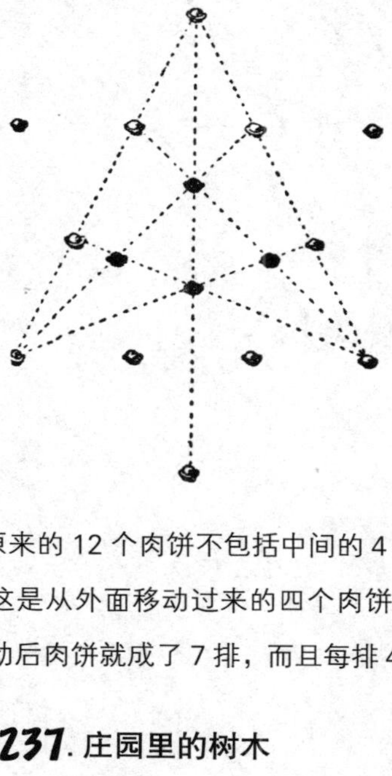

原来的 12 个肉饼不包括中间的 4 个黑点，这是从外面移动过来的四个肉饼，这样移动后肉饼就成了 7 排，而且每排 4 个。

237. 庄园里的树木

最大的对称结果如图所示，里面有 21 行，方法应该不只这一种。

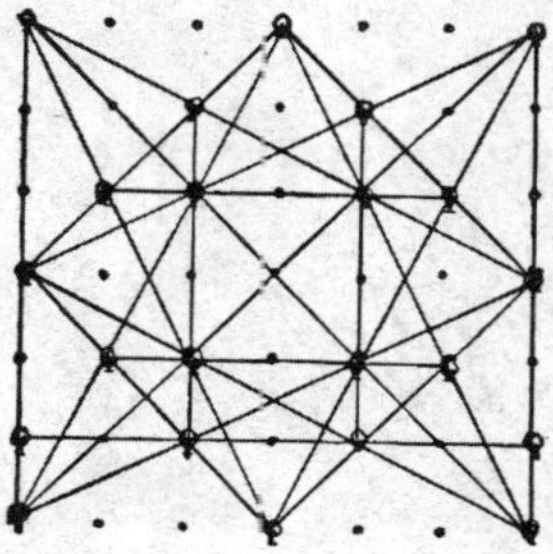

238. 战斗中的俄国人和土耳其人

俄国士兵的最少数目非常关键。土耳其人围成圆环形开火，所以会有两个子弹同时从两个方向击中同一排的情况。也就是说，在 16 条线上，每条 3 个人。那么至少要有 11 人中弹。谜题中 16 条直线的安排如下图。

为了满足俄国士兵为最少人数的条件，土耳其士兵必然是每击中三个俄国士兵就要同时击中一个土耳其士兵，并且这个土耳其士兵会被自己人击毙。所以一共死亡了 11 个俄国士兵和 32 个土耳其士兵，没有一人生还。这个题目的重点就是充分利用 16 排、每排 3 人这个条件。

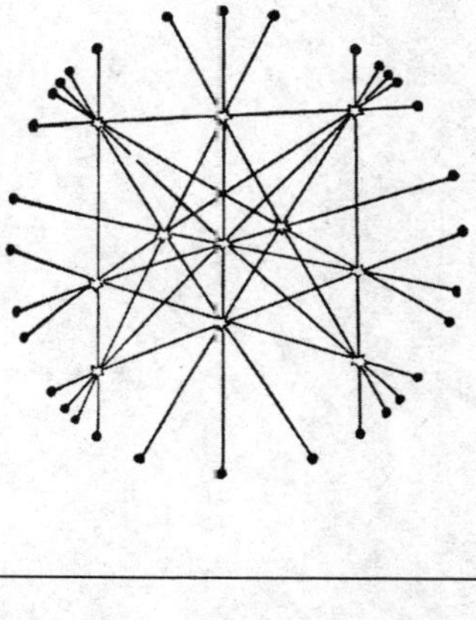